U0175505

山野寻芳

浙东草木游记

小山&窗前 著

Seeking
for
Wildflowers

宁波出版社

图书在版编目（CIP）数据

山野寻芳：浙东草木游记 / 小山，窗前著 . —宁波：宁波出版社，2023.11
ISBN 978-7-5526-5164-5

Ⅰ . ①山… Ⅱ . ①小… ②窗… Ⅲ . ①植物－普及读物 Ⅳ . ① Q94-49

中国国家版本馆 CIP 数据核字（2023）第 194439 号

Shanye Xun Fang: Zhedong Caomu Youji

山野寻芳 浙东草木游记

小山 & 窗前 著

出版发行 宁波出版社
　　　　　宁波市甬江大道 1 号宁波书城 8 号楼 6 楼 　315040
　　　　　编辑部电话 　0574-87341015
责任编辑 苗梁婕
责任校对 徐巧静
责任印制 陈 钰
装帧设计 马 力
开　 本 889mm×1194mm 1 / 32
总 印 张 9.75
总 字 数 200 千
印　 刷 宁波白云印刷有限公司
版　 次 2023 年 11 月第 1 版
印　 次 2023 年 11 月第 1 次印刷
标准书号 ISBN 978-7-5526-5164-5
定　 价 78.00 元

自序

清游快此生

　　《山野寻芳》是我们的第三本草木之书，与《甬城草木记》《草木清欢》颇有些不同。

　　前两本书，主要为城市、山野那些美丽或有趣的草木逐一"立传"，属于单物种纵深的叙事方式。而本书则是一部记录"刷山"过程及其收获的书，采用的是全景式展现山野草木风貌及其生境的叙事方式，更加综合立体，也更有现场感。

　　虽然"刷山"日渐成为全国各地植物爱好者挂在嘴边的一个词，但也常有人问："刷山"到底是什么意思？"刷山"和"驴行"、专业户外，有哪些区别？关于这些问题，业界没有权威解释，字典里也没有"刷山"这个词。结合花友们的"刷山"日常，我们来聊一聊何为"刷山"，"刷山"到底"刷"些什么。

　　"刷山"是花友们约定俗成的专用口语，意为像刷子一样"刷"过每一寸山野，目的是寻找有颜值、有价值、有趣味的草木，其实质是一种以草木为主题的山野清游。

"刷山"不同于"驴行"和专业户外,虽然也有登山、越野、攀冰、涉水等行为,但不以征服高度、克服难度、挑战速度、磨炼意志为目的,尽管为了一些稀有、罕见的植物,会做类似的事情,但也是不得已而为之。

　　"驴友"和专业户外常常喜欢攀登一个地方的最高峰,但植物爱好者却更愿意去"刷"半山腰或沟谷地带,因为相比山顶,这些地方物种更丰富。花友们喜新不厌旧,同一条古道、同一座山峰、同一处山野,愿意反复去,不同季节去,和不同的人去。因为只去一次两次,实在难以穷尽此处的生物种类和数量,难以充分领略一些草木的颜值和智慧,所以常去常新、常去常乐。

　　"刷山"主要"刷"些什么呢? 从我们的实践来看,主要有五个方面:

　　一是"刷"自己的心灵。人在红尘万丈的钢筋森林里待得太久,离开大自然的时间过长,难免心烦意乱、身心俱疲,需要换个地方治愈修复,林泉就是最佳选择之一。不同季节走在古道、森林或原野之间,触目即山川雄伟、野花绚烂、硕果累累,充耳有溪水潺潺、松涛阵阵、鸣声上下。在这样一个生机盎然、万物自在的美好环境中,人似乎也会受到感染,不知不觉就和有生命会呼吸的大自然融为一体,身心也就无比放松和怡然了。下山后,又可以"满血复活"投入到新的工作和生活中去了。

　　二是"刷"友情。植物爱好者大多心地纯净,简单快乐。他们走在一起,不管熟悉还是陌生,彼此自有一种天然的亲切感。一起"刷山"时，即使再内向的人，也不必担心无话可说，或尴尬冷场。放眼大自然，随处都有好玩的草木虫鸟、好看的山水美景，为花友们提供无数的话题。他们往往一入山就忍不住叽叽喳喳，欢声四起，似乎有说不完的开心事。常有花友说，"刷"一次山，脸都笑累了。

独学而无友，则孤陋寡闻。每个植物爱好者人生经历、知识结构、兴趣方向都不一样，和不同的人一起"刷山"，往往能够发现更多自己未曾注意到的观察点。一群人"刷山"，通过交流讨论，比一个人"刷山"能发现更多物种，得到更多新知，欣赏更多美好。一个人可以走得很快，但一群人可以学到更多，走得更远。

周末或节假日，花友们总有一些时间会留给山野，留给集体"刷山"，也因此留下了许多难忘的回忆。花友们平时各自忙碌，见面机会不多，正好借"刷山"之机，交流各自近况，增进了解，加深友谊。

三是"刷"家庭幸福感。山野是开放的，森林是没上锁的，任何人都可以自由进出。花友们"刷山"的地方，往往不是那些人满为患的景点，而是原生态较好的山野或少有人行的古道。"刷山"强度也不大，多为散步式看花赏景，老弱妇幼皆宜。故个人"刷山"之外，完全可以邀请家人一起参与。

近年来，宁波花友的家人们参与"刷山"比例正逐年提高，形成了一个夫妇共同"刷山"的"甬城花伴侣"小团队。共同"刷山"给家庭生活注入新的内容，家人们一起呼吸新鲜空气，一起识花认草，一起领略自然风光，由此拥有更多的共同体验和家庭记忆，增进了理解与信任，家庭幸福的基础也就更加牢固了。

四是"刷"专业新知。植物千种万种，是认不完的，但多认识一个物种，就少一个知识盲点。以宁波为例，其城市虽小，陆地面积也有近万平方千米，物种虽然不多，野生维管束植物也有2183种。30多年来，林海伦老师一直致力于摸清宁波植物的家底，他经常说，终其一生时间都不够用。

来到山野，除了熟悉物种的名字，更重要的是观察同一物种的四季形态，观察物种与物种之间的竞争与依赖关系。

一种植物，只有对它的根茎叶花果都认识了，对于它们生命史不同阶段都有了解，才算对其有了基本的认识。如果更加深入一点，可以探究它们的生存智慧，比如怎么传粉、如何传播种子、如何自我保护等等，还可以研究它们的观赏价值、食药用价值、文化内涵等诸多方面。每一个物种，其实都是一本厚厚的书，等着我们去翻阅。

生态系统涉及物种与物种、物种与环境之间的关系。这样的关系，只有在山野才能看得更加清楚，因为人工干预较少之故。越是原生态好的山野，越能看出植物与昆虫之间、植物与植物之间是如何相互竞争或依赖的。仅植物而言，就有纵向、平面两种关系值得关注。

纵向上，可以观察乔木与其他物种的关系。大树的形态，决定树下物种的群落样态，这是光照影响下的彼此适应关系。

如果一片森林以常绿树种为主，那么树下只能长出一些喜阴的灌木、草本。除非树与树之间空隙足够大，或者在林缘，也就是那些阳光照得到的地方，喜阳植物才有生存空间。

如果一片森林以落叶树种为主，树下的草本、灌木会很好地利用乔木落叶的这段时间。如秋冬到早春，就是树下群落的生命活跃期，它们会较早开花，赶在大树长满绿叶之前，完成发芽、长叶、开花、结果的一轮生命史。

横向上，可以观察同一平面植物之间的竞争或依赖关系。平面关系影响因素相对较多，如海拔、地形、位置、土壤、湿度等等，都是影响植物群落形成的重要因素。河谷和山脊的植物不一样，路边和林中的植物不一样，斜坡和平地的植物也不一样。对这些方面进行观察和探究，是很有意思的。

五是"刷"美图。对业余爱好者来说，采集、制作标本不一定人人都会，但拍此存照却是最方便、最有价值的自然记录方式。不过，拍照是个技术活，也是一个运气活，最好的照片永远是下一张。同一物种，在不同的位置、光线、生长状态下，呈现的形态是不一样的。就算同一个人，如果使用不同的器材，处在不同的认知水平、不同的摄影阶段，拍出来的图片也是不一样的。

近年来，"刷山"已然成为我们乐此不疲的一种生活方式，成为我们与亲朋好友们沟通、交流、学习的一个重要载体。这本书，就是我们实践上述"五刷"理念的集中体现。书中记录了我们一起爬过的山，一起看过的景，一起赏过的花，展现了我们"刷山"的快乐、艰辛和收获，是我们自然观察的一个阶段性呈现。

宁波有山有海，有江有湖，为生物的多样性发展提供了非常好的自然条件，是华东颇具代表性的典型区域，其植物既有华东山野的许多共同特征，也有滨海植物的自我特色。从这个角度来说，我们的

"刷山"记录，既可以作为华东地区的四季花历，也可成为宁波花友的"刷山"地图。

在多数篇章中，我们均详细记录了每次"刷山"的时间、地点、路线以及沿途物种，并且按照季节顺序编排成书。这部书，不但为植物爱好者提供了可资借鉴的"刷山"攻略，还省去了鉴定物种的烦恼。如果每个地方都有类似的"在地博物观察"书籍，不仅能大大方便各地花友交流学习，对促进地方性知识的积累，也是大有裨益的。

经常有人在"小山草木记"公众号后台留言，说希望和我们一起"刷山"看花。就本心来说，我们非常乐意和不同的花友一起"刷山"，互相取长补短。无奈工作太忙，时间难定，自己"刷山"都只能见缝插针，组织集体"刷山"就更属不易了。但如果带上这本书去山野，也就如同和我们一起在山野漫游了。

小　山

2023 年 10 月 6 日

目　录

春动四明，
檫木花开鸟语催

2023 / 02 / 11

四明山

小山

　　自 2022 年 12 月底感染新冠，已一个半月没有刷山了。可是，野花不管人间事，顺天应时照旧开。最让人坐不住的是，宁波山野的春之信使——檫木，居然也一树树开花了。

　　周六晨起，依然中雨，想着不能辜负春光，还是按计划出门。

　　我们一行五人，窗前和丁香，悠悠和琪琪，两对母女，两对闺密，加上司机本人，正好一车。久未谋面的她们，一上车就叽叽喳喳，一路欢声笑语。

　　我们的车游计划，是自东南角的亭下湖入，从西北角的四明湖出，横穿整个四明山。此行的目标物种是四明山顶的几棵檫木，如能遇见其他美景或花鸟，就属意外收获。

　　一路行来，车辆稀少，至溪口西下高速，雨停了。真是天公作美！

　　过银凤大桥，左拐进入鸡畈段。穿过一个小垭口，豁然开朗，一大片静谧的湖山出现在眼前，亭下湖水库到了。

　　湖边几树红梅，花开正好。在青山碧水的大背景下，它们自带一

四明风光

种超尘脱俗的秀美。我们靠边停车,近旁闻香赏花。此时,梅花的花瓣上、花蕊间、枝头、花苞,都挂着点点水珠,更显晶莹灵秀。说到赏梅,我最怕去那种专门景区,梅树连绵成片固然壮观,但太喧哗吵闹,亦为不美。这种湖边偶遇,就那么一株两株,正好凝神细品,倒更得赏梅之趣。

云绕景缥缈,雨洗山更幽。雨后群山,变化多姿,山腰以下清丽苍翠,山顶附近云雾缭绕。车行山间,如在画中。

四明大桥附近,有一个观景台。阳春三月,此处樱花满山,游人纷至沓来,观景台上人挤人。今天却被我们包场了,母女闺密们在观景台上、在没有车辆经过的大桥中间,嘻嘻哈哈合影留念。

我背着佳能小白,沿路寻花觅鸟。可是,附近没有什么花,甚至檫木也没看见。正待去给她们拍人像,耳边却传来几声响亮悦耳的鸟鸣声。转头看,声音从观景台下的五节芒间传出。这是一种我此前没有听过的鸟声。

我蹑手蹑脚靠近,一只棕色小鸟忽然飞了出来,停在旁边一棵盐肤木上。它在枝头活泼自在,一会儿吃几颗盐肤木果,一会儿引吭高歌几声。我悄悄地用相机对着它启动高速连拍模式,拍到几张清晰度尚可的图片。

这是一种特征很明显的小鸟,整体色调呈棕色,眼睛旁边有两道长长的白色眉纹,眼先黑色,尖嘴是带点透明的象牙色。打开"懂鸟"小程序查询,原来是鹛科钩嘴鹛属的棕颈钩嘴鹛。这是我和它的首次相遇。才入山就有新收获,我对此行充满信心。

红梅

棕颈钩嘴鹛

　　车子在宽阔的山间道路盘旋而上，云雾在山谷中翻滚流动。当我们站在海拔 600 多米的奉化余姚分界垭口，回望走过的山谷，我们已在高高的云端之上了。山腰间那条玉带般的来时路，在云雾中时隐时现。而晴天远望如碧玉的浩渺亭下湖，此时已消失在云海之外。

　　继续往前，就出了奉化溪口，进入余姚四明山镇地界。第一个村就是有"红枫之乡"美誉的茶培村。每年秋天，满山红枫、鸡爪槭、毛竹，或红或黄或绿，把这一片土地打扮得色彩斑斓。不少摄影爱好者慕名而来，用无人机拍最美公路的风光大片。

　　此时，我最关心的不是这些冬眠未醒的红枫，而是村庄上方公路转弯处那三棵姿态超逸的大檫木。它们笔直挺拔，高耸入云，春日黄花满树，秋天色叶绚烂。它们矗立于群山之间，俯瞰着车来车往，世事变迁。每次路过这里，这几棵树都是难以忽视的存在，总要慢下车来多看几眼。

但这次，我们发现来早了。山下檫木虽已鹅黄一片，这里却还只是含着苞。看来山上山下的物候，因为海拔，要相差十天半月。这几棵树，是本次车游的目标物种。既然它们还未完全开花，山顶其他檫木的状态估计也如此。

于是，我们决定将目的地调整为皎口水库边的童皎村，去看看2022年秋天因满树红叶让我们惊艳的两棵古檫木。

过茶培村，自浒溪线右拐进入密北线，往蜜岩方向行驶。这是一条宁静优美的山间小路，左边是一条潺潺流淌的小溪。极目远望，群山烟雨迷蒙。前方树上停着几只红嘴蓝鹊，被行驶的汽车惊起，呼啦啦展开双翼，拖着长长的尾巴飞向更远处的林子。

车轮飞旋，道路不断往前伸延。一片白色小花在右前方岩壁间一晃而过。我心里一动，这不是"单铁"（花友对单叶铁线莲的简称）吗？立即路边停车，兴奋地告诉大家，我们意外邂逅一月最美野花了。

我们来到流水滴滴答答的一片崖壁面前，果然是三株缀满雪白小铃铛的单叶铁线莲。它们顺着几株落叶灌木，从高处垂下来，恍若一帘幽梦。这些小铃铛的四个厚厚萼片，张开角度已经很大了，基部亦抹上了一片紫红。这意味着花已开到后期了。

今年还能看到"单铁"，真是特别开心。我们家的悠园本来有一株养了三年的"单铁"，它在园中茁壮成长，每年能开数十朵花，每至花期，满园飘香。不料2022年夏天，小区物业组织人员修剪矮墙外绿化带时，居然把它们当成野藤拔了，等我们下班回家，才发现这一惨

单叶铁线莲

状，但已无可挽回。

　　琪琪和悠悠第一次在野外看见"单铁"，欢快地跑上前来，细看轻嗅，非常喜欢。琪琪说："花真香，大宝 SOD 蜜的味道。"悠悠闻过之后，深表赞同。她们还拎起一段"单铁"，和花儿亲密合影。我剪了一小段，准备带回去扦插，希望能够成活，让四明山心的草木精灵在悠园重新飘香。

　　我们继续行路，袤树岙、里梅村、杖锡、燕子窠，路牌上一个个好听的村名，不时闪过。车越往下走，云雾越浓重，有些路段，甚至不得不打开雾灯。海拔一降低，花开满树的檫木，或一棵，或两三棵，或一小片，渐次出现在路边。

　　出茅镬，过细岭，穿山度岭行驶了好一段时间，来到另一个河谷，瞥见一座大桥上写着"北皎桥"三个大字。原来我们来到了另外一条横穿四明山的路线——荷梁线。小皎溪自四明山深处逶迤而来，到此

绿翅短脚鹎

已蔚为壮观。桥下有一大片河滩，两对母女去水边捡石头打水漂。

我一个人背着相机，扛着三脚架，沿着荷梁线往山里走，去撞撞"鸟运"。小皎溪边多落叶树种枫杨、泡桐、池杉等，大山雀在树间发出清脆的歌唱声，三只背绿头栗的小鸟在泡桐间挠痒痒，休憩，觅食。

我拿起望远镜仔细一看，原来是绿翅短脚鹎。上回见到它们，还是2022年在龙观雪岙村，当时逆光没有拍太清楚。这回鸟儿们还算给力，虽一直在动，但每次停留的时间还算长，给了我一个把它们拍清楚的机会。这种鸟的外形，简直就是领雀嘴鹎的身和栗背短脚鹎的头二者的简单组合。鸟类的世界可真有趣！

下午四点多，我们穿过三四个大小村落，到达童皎孔家，远远就看到村头拐弯处那两棵顶天立地的老檫木。它们此时的模样，与秋天完全不一样了。满树的灿烂红叶，已变成了一树耀眼鹅黄。黄花之间，缠绕在树身上的那些薜荔，清翠可见。

檫木

檫木花苞

檫木

　　这两棵树是我们念兹在兹的老朋友。我们很幸运，两次来到它们身边，都是在它们最美的时候。2022 年秋天相遇，我们给了它们"最美檫树王"的赞誉。在那之前，我们还没见过叶子如此丰盈且色调又如此红艳的檫木。这次重来，它们卸去了一身斑斓，换上一身轻盈欢快的嫩黄色春衫，玉树临风，潇洒自如。天地之间的美好莫过于此。

　　四明山真是一本永远也读不完的精彩大书，无论什么时候，无论翻开哪一页，都能让我们读到动人的段落。

宁海摩柱峰
赏花看云记

- ⊙ 2021 / 02 / 16
- ⊙ 宁海县力洋镇
- ⊙ 小山

　　春雨至，万物生。雨水节气，记录一次雨中登山之旅。

　　大年初五，与亲朋好友赴宁海力洋摩柱峰刷山。此峰海拔872米，为茶山最高峰，山高路陡，风光奇绝，在华东驴友圈内，颇为知名，有江南"华山"之美誉。

　　之所以选择摩柱峰，一为"练兵"，一为赏花看景。

　　"练兵"者，培养"拈二代"（"拈花惹草"下一代之简称）也。小女悠悠自小生长于城市，对山野颇为陌生，亦缺乏山中行走技能，于是有了寒假四次刷山安排。先有千丈岩脚之初尝滋味，次有天打岩之艰苦考验，复有岭南古道之长途跋涉，最后以摩柱峰大考收尾，希望她能在行走中锻炼意志和能力，不再闻登山而色变。

　　登摩柱峰，有多条路线，均路远坡陡不易走。尤其必经之路山脊线这一段，土石风化，地形复杂，晴久雨久皆路滑难行。初五当天初雨，正是将滑不滑之际，最适合攀登。

　　我们选择了一条最短环线。在公路边一开阔地停好车，穿林间小

山高难走

道至一垭口，自此向上登顶，然后南坡下山，走一段公路，回到停车地。

此线对于一般花友来说，如控制节奏，难度不大。但对于初次行走于陡峭山脊线的悠悠来说，颇为不易。小姑娘穿着雨衣背着包，深一脚浅一脚向上挪动，当登上一山头复见另一更高山头，下又不能上又遥远之时，徒唤奈何。不过，在大家的鼓励帮助下，她咬牙坚持，鼓起勇气走完全程，最终登上绝顶，完成了其个人生命中的一次壮举。

山路虽难走，但一路上有花可观有景可赏，亦为艰辛旅途之补偿和奖赏。此行有三物种颇值一记：二叶郁金香、金缕梅、湖北山楂。

二叶郁金香，又名宽叶老鸦瓣，被花友戏称为"二爷"，浙江主产，安徽亦有少量分布，是花友念念不忘的早春物种。

老鸦瓣南北皆有，华东为多。据温州吴棣飞老师观察，在浙江，浙北老鸦瓣如野草，宽叶老鸦瓣少见，而浙南则多宽叶老鸦瓣，老鸦瓣难得一见。宁波似为过渡地带，宽叶老鸦瓣在四明山顶、五龙潭及茶山颇为常见，而老鸦瓣亦不罕见。

宽叶老鸦瓣与老鸦瓣之区别，正如其名，最直观的是叶子，吴其濬《植物名实图考》形容老鸦瓣："长叶铺地，如萱草叶而屈曲萦结，长至尺余"，而宽叶老鸦瓣则短而宽，最长不过15厘米，老鸦瓣则超过25厘米。花朵亦有区别，老鸦瓣白底紫色条纹的花朵，宽叶老鸦瓣也有，但宽叶老鸦瓣粉红花色的花朵，老鸦瓣则无。

据往年观察，二叶郁金香盛花期在三月中旬。初五时候，只是零星开出一些花朵，盛花期估计将提前至三月上旬。二叶郁金香含苞如木笔，绽放如百合，将开未开时，那"一低头的温柔"，都是极美的。

二叶郁金香

老鸦瓣

金缕梅

雨中"二爷"，花瓣上泫然欲滴，更多了一分水秀和灵气。

此行第二种有趣的植物是金缕梅。虽名字中有一"金"字，但与其同科植物银缕梅相比，却是后者更加珍稀。这一点与我们日常认知相左。不过，这是植物分类学家们的学术看法，我们这些"以颜值取物"的草木爱好者，却颇为喜欢金缕梅，原因有三：

一是凌寒独放。金缕梅绽放于一年中最寒冷的冬春之交，甚至今年零下10摄氏度左右的高山极寒天气，依旧花香如故，抗寒能力之强，令人佩服。而银缕梅的花期在三月，时已阳春了。

二是雍容华贵。银缕梅花瓣退化至极短，看起来似乎只有花蕊，而金缕梅花瓣条形且颜色金黄，有人形容为"从碎纸机里出来的蜡梅"，十分形象，是萧瑟早春山野的一抹亮色。

三是生于困境。这一点，金缕梅和银缕梅有点类似，它们多生于海拔较高的山顶杂木中间，气候恶劣，土地贫瘠，选择这样的地方扎根，亦为其生存智慧之体现，因这样的环境较少竞争之故。

摩柱峰区域最让我动容的物种，为山顶附近的几株"旗树"。顶峰附近的北坡，有几株树冠朝一个方向生长的矮树。以前误认为是金钱松，这次细细观察，发现枝间多刺，才知是湖北山楂。

在坡缓风小环境较好的地方，湖北山楂可以长成3—5米的小乔木，而此处只是不到2米的粗矮灌木，且枝冠几乎都向西侧生长。细观枝条，平面纵横交错，上下分层明确，一切都为适应此处常年强风、极寒和贫瘠的生境。

为了生存，它们硬生生把自己高大英俊似武都头的身材，压缩成

湖北山楂

了矮矬沧桑的武大郎，其应对艰苦环境的生存策略，其独立于天地之间的自由精神，着实让人感佩。每次经过此处，都不忘对这几株"旗树"行注目礼，表示最崇高的敬意。

王荆公曾曰："世之奇伟、瑰怪，非常之观，常在于险远，而人之所罕至焉，故非有志者不能至也。"诚哉斯言！自垭口往上，一峰又一峰，如海浪般越涌越高。但站在每一坡上，回望来时路，蜿蜒曲折如羊肠小道，不由惊叹自己已经爬了如此之远、如此之高。

终于站上绝顶，获得了一个云端俯视世间的上帝视角，群山万壑重峦叠嶂皆在脚下，苍茫云海在青山之间翻滚飘荡，景象之壮观恢宏，心情之澎湃激越，难用语言形容。那时候，只想慨然长啸，一吐胸中的豪迈之气。

在山顶，大家指点江山，以各种造型拍照，然后午餐。从另一山坡下至公路时，已是傍晚。同行者，三哥夫妇、阿维母子、李兄、我们一家三口。

探访槲寄生

◉ 2021 / 02 / 13

◎ 海曙区龙观乡雪岙村

◎ 小山

槲寄生南北皆有，却难得一见。前天编发林海伦老师文章，见其在海曙龙观拍到了好看又有趣的槲寄生，心痒难耐。

见林老师拍的图片，为何会心痒难耐呢？这其实是许多植物爱好者的正常心态，当听说某地有那么一种没见过而颜值又高的植物，就会心之念之，特想一睹为快。有些重度痴迷者，甚至打飞的去某地拍一种植物。比如，本周末就有广州花友特地来宁波拍二叶郁金香。

槲寄生为桑寄生科槲寄生属灌木。此处之"槲"，是指壳斗科栎属的槲树，槲寄生的寄主之一。《中国植物志》记载，槲寄生还可寄生于榆、杨、柳、桦、栎、梨、李、苹果、枫杨、赤杨、椴等树木之上，全部都是落叶树种。根据林海伦老师的长期观察，宁波槲寄生似乎偏爱枫杨，他还没在别种树上看到过槲寄生。

槲寄生是一种有趣的半寄生灌木。何为"半寄生"呢？这是相对菟丝子、金灯藤等全寄生植物而言的。后者只有肉乎乎的藤，并无绿叶，无法进行光合作用，全靠寄主生活。而槲寄生只是扎根于枫杨树

槲寄生的生境

槲寄生扎根在树上

上, 吸收寄主的水分和无机养料, 它有自己的绿叶, 能进行光合作用制造有机物养活自己, 故谓之"半寄生"。

这次拍槲寄生, 是一个惊喜连连的过程。一般说来, 去山野拍一种植物, 要把其生命史的花、果、叶等形态拍全, 一年四季得去好几次。如果没有精准情报, 光靠自己的经验, 说不定追踪好几年都不一定能拍全。

可是, 我们这次去拍, 不但拍到了果, 而且拍到了花, 更难得一遇的是, 还拍到了为它们传播种子的鸟。实在是人品太好, 运气爆棚!

这些长着槲寄生的枫杨树, 就生在路边, 很好找, 这是一喜。

那些晶莹剔透的淡黄色果子, 或两颗, 或三颗, 有时甚至是四颗, 长在英文字母 Y 一样的枝丫中间, 错落有致, 珠圆玉润, 好似蜜蜡丸子一般, 非常好看。如不是怕果子被粘在喉咙中间, 都想摘几颗尝尝味道。

槲寄生果子的颜色, 有黄有红, 寄主不同, 颜色各异。《中国植物志》记载:"寄生于榆树的呈橙红色, 若寄生于杨树和枫杨的呈淡黄色, 寄生于梨树和山荆子的果呈红色或黄色。"希望今后能够遇到其他颜色的槲寄生。

在拍摄过程中, 忽然发现, 有几丛倒挂的绿叶之间没有果子, 放大镜头一看, 居然有花。有果子并不奇怪,《中国植物志》记载槲寄生果期在9—11月, 留存到现在也正常。但其花期在4—5月, 而现在树上居然有花, 这出乎我们的意料。

槲寄生是雌雄异株植物, 一株只有一种单性花, 那些结了果子

槲寄生黄果

槲寄生雄花

槲寄生黄果

的，显然是雌株，而没有结果子的，就是雄株。雄花很不显眼，没有花瓣，只有四个黄绿色的厚厚萼片，花药就长在萼片的内侧。花果齐全，这是二喜。可惜没有看到雌花的样子。不过留点遗憾也好。

最让我们激动的，是拍到了为槲寄生传播种子的野鸟，这是三喜。

当时正在小溪对面拍槲寄生的雄花和果子，忽然看到一只背绿腹橙的小鸟，停在对岸绿化带的一根树枝上。这是一种没有见过的鸟！我和三哥立刻调整镜头对准它。这只鸟停了好久没有飞走，正好方便我们拍摄。通过镜头看到的一幕，让我们惊叫起来，它居然拉屁屁了！

为啥会惊叫呢？因为我们拍到了一个非常有价值的生态镜头。槲寄生种子的传播媒介，正是以其果实为食物的小鸟。果中含有非常黏稠的物质，纵使经过小鸟的肠道排出，也依然非常黏稠。

从我们拍到的视频来看，小鸟排出屁屁之后，牵出来一根长长的丝线，有两三颗种子粘在丝上，在风中晃啊晃。这时候，它不停地低下头，用嘴把这些讨厌的黏丝弄干净。否则，它们尾巴上拖着丝，怎么飞翔呢？

于是，这些丝上的种子，或被鸟嘴蹭到旁边的树枝上，或拉出来之后飘飘荡荡粘在树枝上。而槲寄生的种子就靠着这些黏液，牢牢粘住寄主，待到温度湿度适宜，开始萌发，向下将根扎进寄主，向上开始发芽长枝，于是一棵棵新的植株就形成了。

我们拍到的小鸟不止一只，居然还是一对，这是第四喜。

我们正在拍背绿腹橙小鸟排泄的镜头，忽地一下，另一只全身绿

橙腹叶鹎雄鸟拉屁屁

橙腹叶鹎夫妇

色的鸟飞到它身边，在枝间跳跃鸣叫。

回来之后请教宁波著名"鸟人"古道西风、大山雀两位老师，他们说这种鸟叫作橙腹叶鹎，橙腹的是雄鸟，全身绿色的是雌鸟。大山雀老师说，这种鸟在杭州植物园比较容易见到，没想到在龙观也能见到。古道西风老师也说橙腹叶鹎在宁波记录较少。

资料显示，"橙腹叶鹎在中国种群数量并不丰富"，已列入中国国家林业局 2000 年 8 月 1 日发布的《国家保护的有益的或者有重要经济、科学研究价值的陆生野生动物名录》，原来还是难得一见的"三有"鸟类，这是第五喜了。

一次出行，不仅拍了槲寄生花、果和生境，居然还拍到了协同进化的小鸟，收获如此之多的意外惊喜，植物观察之乐，莫过于此。

阿育王寺访杏花

⊙ 2022 / 03 / 13

⊙ 鄞州区阿育王寺

⊙ 小山

梅花过后杏花新。今年最期待的杏花，是鄞州阿育王寺的那棵老杏树。

浙东名刹阿育王寺，始建于晋朝，有 1700 多年历史，因藏有佛祖真身舍利而名闻天下。

该寺位于鄞州区五乡镇太白山麓华顶峰下，群山环抱，环境清幽。明人张岱在《陶庵梦忆》里记录了他瞻礼真身舍利之事，并形容此地风光"梵宇深静，阶前老松八九棵，森罗有古色。殿隔山门远，烟光树樾，摄入山门，望空视明，冰凉晶沁"。

在宁波工作生活 25 年，我曾多次去过阿育王寺，但从来不知寺院里还有这样一棵杏花树。2021 年 3 月 5 日，我在公众号推送了鄞州公园杏花绽放的小视频，并感叹"虽只有稀稀疏疏三五株，不如乡村之盛大，退而求其次，亦值一观"。

花友 blue 在后台留言，说阿育王寺的杏花就开得极好，并发了几张图片给我看。图片都是大场景，并无细节，看起来的确有点像杏花，但没法确认。我问他认定杏花的理由。他告诉我，他是山东人，从小在杏花树下长大，不会认错的。

得知此消息，我非常开心。此处杏花有寺院古建筑作为背景，让我对其有了故宫西府海棠般的期待，而且车程半小时可达，来去方便，真是一处理想的赏杏之地。次日便兴冲冲赶到阿育王寺，找到那株杏花，又喜又叹。

喜的是，果然有棵老杏树，种在一小院之东南角，枝干遒劲，树形疏朗，树身和墙头，皆苔藓碧绿，古意盎然。叹的是，花已落光，只剩绛红色的萼片还在枝头，要看杏花满树，得再等一年了。

转眼到了2022年3月12日，那天晚上，花精林在"拈花惹草部落"分享了几张拍摄于余姚三七市的图片，并询问花名。我细细一看，白花红萼，花开成簇，萼片反折，这不就是杏花吗？原来又到一年杏花季了。今年一定不能再错过阿育王寺的杏花了。

第二天正值周末，阳光明媚，恍如夏日，虽拍不到"杏花春雨江南"的经典场景，但能有蓝天，也算不错了。世间事，哪能事事如意呢？我顾不得手腕有伤还挂着绷带，让窗前开车带我去阿育王寺，心情激动得就像要去赴一个美丽的约会。

在寺院西南门附近停好车，信步跨入山门。寺内游人如织，热闹非凡。枫香树嫩叶已经很大了，枝干如游龙的朴树开始吐出新芽，枝头已能看到淡淡绿意了。春末落叶的香樟，则反其道而行之，树叶大面积变红，有一种树树皆秋色的错觉。

我们走过竹林环绕、香樟掩映的巍峨西塔，熟门熟路来到莲香阁前，往左一拐弯，一眼就看到了那株开花的杏树。这次终于赶上季节了！

此杏树树冠早已高过院墙，"满园春色关不住，一树红杏出墙来"。花树在蓝天白云的映衬下，如此纯净娇艳，如此光彩夺目，那么轻盈，那么盛大，场景之美，令人震撼。

树和旁边的白墙黛瓦、矮墙院落、飞檐翘角，搭配非常和谐，浑然天成，好像这样的院落、这样的小巷，就应该有这样一株杏花树似的。

走近围墙，只听见成千上万只蜜蜂在花间嗡嗡作响，一只暗绿绣眼鸟、两只远东山雀在花间忙碌着，不知是在吃花蜜，还是在找虫吃。可惜树太高，鸟动得太快，手又不大方便，来不及捕捉几张鸟语花香的生态图片。

不时有人从院子里走出来，有寺院的义工，也有穿着或黄或青僧衣的师父。还有不少游人逛到此处，看见这株花树后，说什么的都有，有人说好漂亮的桃花呀，也有人说樱花好美，还有人自言自语"这是梅花吗"。但他们的统一动作都是，迅速拿出手机对着这株杏花猛拍一通，有些人甚至在树前自拍好久都不忍离去。

还有一对情侣为花是什么颜色争执不下，向我们求证，我只能说这是白里透红或者说是有点淡淡的粉色，很难说是哪种正色。在没有太阳的时候，花色基本以莹洁的白色为主，但太阳一照射，则呈现出一点淡淡的粉色了。这一粉色调，其实是杏花那绛紫色萼片光影映透的结果。不过，我在宁海确也曾见过淡粉色的杏花，不知是否和品种有关。

　　穿过小门，转到杏树所在的小院落。这里空无一人，地面、花坛、石凳之上，洁白的杏花落了一地。鸟儿们在花枝间跳来跳去，沓落的杏花花瓣，簌簌地落在了我们的头上、身上。

　　我站在杏树下，抚摸着老杏树长满苔藓的皴裂树皮，感受着它的历史与厚重。传说中石头听了佛法都会点头，更何况这是一棵长久吸收着天地精华的老杏树。扎根于此60多年来，它不知闻得了多少妙法灵音，才修得如此健壮古朴又气韵灵秀！

　　细看这株杏树的枝头，已长出些许绿叶。问正在小院里打扫落叶

的义工，他说这株树已经开花三四天了。杏花花期一般一周左右，不知道它们能否撑到下个周末。如果遇到一阵疾风骤雨，一夜之间便只剩下满树红萼。所以，看花只能趁早。

哪怕今年看不到满树繁花，只要找到这棵树，明年也会对阿育王寺多一分期待！

宝庆寺西府海棠

2023 / 03 / 12

江北区宝庆讲寺

小山

东风吹拂，次第花开，又到一年海棠季。

在宁波，蔷薇科苹果属的真正海棠花，主要有三种：最常见者垂丝海棠，次之西府海棠，偶见湖北海棠。

三者花色，亦可依此次序排列。垂丝海棠如霞似锦，远远望去，艳红一片；湖北海棠近似于白，盛放之时，一树如雪；西府海棠介于二者之间，含苞之时，胭脂点点，绽放之后，白里透红，最是清雅迷人。

西府海棠虽美，但年年花开年年拍，总觉难以突破。仅拍花树本身，拍得再好，也略显单调。有时候，需借助一些背景衬托才好。

我所见过的最令人震撼的海棠，是故宫的西府海棠。它们或花团一簇，或横斜一枝，或烂漫一树，搭配着深宫、红墙、琉璃瓦、雕梁画栋，厚重与轻盈，人文与自然，都有机统一在一张张意蕴深厚的图片中，令人回味无穷。

宁波西府海棠并不稀罕，鄞州公园、凯利大酒店门前，宁横公路、丽园北路、会展中心民安路等很多道路绿化带，都配有西府海棠。但这些海棠花的生境或形态，总有不尽如人意的地方。

凯利大酒店的三株，树形不错，花开亦美，是我初识西府海棠的那几棵树，以前几乎每年都会去探访。但这些年那一带建设不断，要么围墙隔挡，要么车辆乱停，让花不得安生，也让我不忍再去那里赏花。

鄞州公园的西府海棠，栽种不久，树挺高，但树形收得太紧，就像一捆捆柴火竖在那里，且花在高处，欣赏实在困难。而配置在道路上的海棠，总有那么一点美人蒙尘之感，且只能匆匆一瞥，不能从容观赏。

正在想着西府海棠无处可赏之际，2021年3月11日，忽然看到宁波晚报社龚国荣老师在宝庆寺拍摄的海棠花，顿时眼睛一亮，这不正是我苦苦寻觅的故宫式拍摄场景吗！

那个周日的中午，去保国寺后山看过白鹃梅之后，我们即导航来到江北区宝庆寺，寻找龚老师拍过的海棠花。此寺始建于北宋太宗端拱二年（989），至今已有一千多年历史。现存建筑为2003年左右重建，格局严整，雄伟庄严。

寺院不大，很容易就找到了大悲殿两边的西府海棠。它们枝干健壮，树形疏朗，此时正繁花满树，怡然于春风之中。

绕着这两棵海棠走了好几圈，认真寻找拍摄角度，终得几组还算满意的图片，希望不会辜负海棠之美与此处禅意之深。

第一组图，主要想表达海棠与周围飞檐翘角、歇山重檐、斗拱巨柱之间的对比。在这些厚重背景的衬托之下，海棠花树更显轻盈秀丽，而庄严净土也因为有了海棠花，多了一份活泼与天真。

　　第二组图，聚焦花与人的主题。人是比花更生动的风景。很多信众、游客来到这里，忽然瞥见这一树灿然，没有人不惊艳，纷纷拿出手机，拍下这春天里最美的一幕。

　　寺院是佛弟子静修、功课、传法的场所，摄影大师张望的系列作品《佛的足迹》，禅意凛然，气韵生动，让人印象深刻。在海棠花边上等了一些时候，终于拍到几张僧人黄衣飘飘走过花下的图片，心满意足。

　　最后一组图片，回到花树的本来面目，欣赏它们动人的花苞、花朵和花枝。"十分国色妆须淡，数点胭脂画未匀。"胭脂点点的花苞，半开时节的妖娆，浅白微红的花瓣，或开或含，都让人为之绝倒。

　　这次晴天丽日的拍摄，应该说非常满意了。不过，南宋著名诗人陈与义还说过："欲识此花奇绝处，明朝有雨试重来。"雨中的西府海棠，会有怎样的美丽呢？让人充满期待。

　　又是一年海棠开。2023 年 3 月 12 日，中午十二点多要出差，想着一周后回来，或许花已凋零。于是趁着上午还有一点时间，匆匆赶到宝庆寺，去探望已如老友般的西府海棠。

　　这次故地重游，一进门就看到四五个工人正在天王殿前进行园林施工。地上堆了很多黄土，中有不少巨石，巨石之间，正在栽种一些比一层楼还高的黑松。这些松树主干苍劲，树冠如云，自大门进入，

好似来到了一片苍松林中。

我自侧廊走过天王殿，只听得悠扬齐整的唱诵之声自大雄宝殿传来，僧人们正在早课。大悲殿东西两侧这两株西府海棠，虽隔年未见，依旧生长良好。

此时的它们，花枝舒展，摇曳生姿，花朵已经绽放大半，枝头胭脂点点，清淡浅红，与周边古朴庄严的大殿长廊、飞檐翘角、白墙黛瓦，正好一动一静，一新一古。庙宇赋花一份底蕴，春花回赠一丝灵秀，二者相得益彰，意蕴无穷。

看得出来，宝庆寺主其事者，应为深谙园林之美者。配置海棠，增种黑松，均为明证。此处蜡梅亦有声誉。在大悲殿东侧，还有一片牡丹，已有很多花苞了，谷雨之前，又可接续赏牡丹花。寺内还有一些稻田、菜地，既是践行"一日不做一日不食"之禅门清规，也给了一些信众及学生一个学农的机会。

这些花木田地的布置，美化了寺内环境，还能吸引更多人来到寺院，亲近佛法，不经意之间实现教化，实为一举多得高明之举。

我一个人背着相机，在殿边树旁静静赏花。耳畔钟磬作响，梵呗阵阵，心里似乎也特别宁静。倏忽之间，一个多小时就过去了，我也该回家收拾行李赶火车了。

重访二叶郁金香

◎ 2023 / 03 / 05
◎ 宁海县力洋镇茶山
◎ 小山

　　宁波四季山野，总有那么一些应时而开的嘉草秀木，让花友们心心念念，难以忘怀。每到花期，大家总要挤出时间，去深山幽谷一亲芳泽，才算不负一季之美好。

　　一月的单叶铁线莲，二月的檫木，五月的毛叶铁线莲，八月的药百合，都在此列。当然，也不能少了十二月的银杏、枫香、池杉和金钱松，它们在山路旁、古村口、水库边，秀出树树秋色，让花友们看不足、拍不够。

　　宁波三月，最让大家津津乐道的野花，不是那如雪似云的野樱花，也不是碧绿精致的山鸡椒，更不是难得一见的独花兰，而是一种贴地而生的不起眼的小草花，它的名字叫作二叶郁金香，花友们戏称为"二爷"。

　　二叶郁金香，在《浙江植物志》里的名字叫作宽叶老鸦瓣，为百合科老鸦瓣属多年生草本。老鸦瓣属曾被并入郁金香属，二叶郁金香之名，即来自此一阶段。

相对于郁金香属植物，老鸦瓣属植物颇有一些显而易见的独特之处，比如花葶上部有二至四枚对生或轮生的苞片，花柱与子房近等长，而郁金香属植物无苞片，花柱亦不明显。

2007年，新疆农业大学教授谭敦炎等基于老鸦瓣属的上述形态特征和分子数据，又恢复了该属的独立地位。于是乎，中文名"二叶郁金香"又相应变为"二叶老鸦瓣"了。但是，不管植物分类学家将老鸦瓣属如何划来划去，花友们还是喜欢称呼宽叶老鸦瓣为宁波本土的野生郁金香。

当二月底在溪口镇里村的三折瀑附近偶遇几丛开花植株，我们知道，一年一度看"二爷"的欢乐季节提前来到了。3月5日，是宁波正式入春的日子。我们十七位花友，相约去宁海力洋茶山看花。

宁波可看二叶郁金香的地方不少，海拔500米以上的山坡一般都能寻见，除海拔不足的慈溪、镇海、江北等地，其他县市区基本都有。该物种的模式标本即出自四明山东的雪窦山，宁波是该物种的集中分布中心之一。

虽然四明山上的二叶郁金香更加正宗，不过，花友们还是更喜欢去宁海茶山看花。那里的花儿更加集中一些，生境更好一些，花的形态更多一些，因而拍出来的图片也更好看一些。天南地北专程来宁波看"二爷"的花友，我们都带到茶山。

六点一刻即早早出门。初升的红日，又大又圆，却不耀眼，形同大大的高邮咸鸭蛋的蛋黄，挂在东边的天空之上。驶至宁姜公路，路旁广阔田野里，竟然升腾着一层一米多高的浓雾，远处的村庄、树木及山脉，若有似无，缥缈如仙境。六点多钟的天空及田野，居然如此美丽，这是早起的福利。

宁海下高速，转往力洋方向。

力洋镇是一个面朝大海春暖花开的地方。高高的茶山挡住了北方的寒流，发源于茶山的桃花溪，经力洋水库后，又浩荡穿过小镇，流入三门湾。咸淡交汇，滩涂延绵，给各类小海鲜提供了极佳的生长环境。

我们早早起床，既为看花，也为镇上一碗热乎乎透骨鲜的海鲜面。来到菜市场隔壁那家熟悉的小店，坐定，点餐，一碗端上，面条之间尽是洁净无泥、肥美可口的江白虾、花蛤、蛏子，看着就鲜美，浇上半调羹油泼辣子，吃起来又鲜又辣，畅快无比。

吃好早餐，我们顺着桃花溪，由曲曲折折的山间公路盘旋而上，来到茶山之顶。停车，合影，然后一群人浩浩荡荡穿林过溪，前往看"二爷"的老地方。

行走在曲曲折折的林间小道上，大家一路聊天观景看花。山下已谢幕的檫木，在此地仍然颜值在线，一树树明黄，在蓝天之下尤显纯净娇艳。不过，它们的花苞已经全部打开，小花枝已下垂，正在展示着最后的美丽。洁白的毛花连蕊茶、碧绿的山鸡椒、淡橙色的胡颓子、偶然一树的华东樱，都是被我们一一摄入镜头的当季野花野果。

重回故地，一株株小花依然长势良好，我们颇感欣慰。在蓝天丽日之下，二叶郁金香们纷纷打开了它们粉红色的小喇叭，在春风中自在舞蹈。此刻的大山，也因这些遍地开花的小仙女而明艳起来。

二叶郁金香是一种美貌与智慧兼具的山野小精灵。为提高传粉

二叶郁金香那一低头的温柔

效率，它们在不同生长阶段、不同天气条件下，会呈现不同的状态与美好。

尚在花苞之时，它们会在三枚条状苞片的簇拥下，从土中笔直钻出来，紫色毛笔头般的花苞直指天空，既呆萌又可爱。当花朵完全成熟的时候，粗壮的花葶则会尽可能将花朵高高举起，让传粉者们远远地就能够看见它们。

阴雨天，它们的花朵有时候会垂下来，花冠朝地，避免花药被雨水淋掉。那一低头的温柔，好似娇羞的美丽少女，十分动人。有时候微张的花朵会抬起头，和垂直的花葶呈现"7"字的造型，它们蓄势待发，随时听候阳光的召唤。

一旦晴暖天气到来，二叶郁金香则把自己完全打开。那粉红色小

金钱松林下的二叶郁金香

喇叭，有的像雷达寻找信号一样，向着太阳张开一个 45 度以上的角，有的则干脆花冠朝天打开，这种角度，非常方便小蜜蜂们在花冠里辛勤忙碌，让更多的花粉不知不觉粘在蜜蜂毛茸茸的腿上、身上，最大限度提高传粉效率。

"二爷"虽美，但植株低矮，非常难拍。二叶郁金香的花葶，虽然比老鸦瓣粗壮一些，但也只有三五厘米高。或站或蹲俯拍出来的图片，背景杂乱，难以表现小仙女之美。只有把视线降到平视甚至仰视它们的角度，才能呈现它们天地精华一般的美好。

花美，为花朵而五体投地的人们更美。为了获得理想图片，大家自然而然开启摸爬滚打拍摄模式，寻找不同生境的植株，或趴或卧，顾不得一身土灰，尝试各种姿势和角度进行拍摄。大家一边拍花，一边也不忘拍身边这些为花疯狂的拍花人。

茶山上的二叶郁金香，生在 500 多米高的山脊线上，长期经受早春巨大温差、凛冽狂风的考验，生命力非常旺盛，形态也非常美好。不论是在贫瘠的防火道，还是在成堆的石头缝中，它们都能迎风摇曳，自在生长，甚至在那些柳杉枯枝败叶厚厚覆盖的地方，都能努力冒出头，开出花，实在让人敬佩。

此次刷山，时间充裕，伙伴们不断扩大调查范围，又发现不少新的分布点。尤其在一片依旧光秃秃的金钱松林下，看到了一大片二叶郁金香，这是南方少有的壮观景象。

此情此景，让人想起东北早春林下著名的猪牙花，它们都是紫色系列，都是贴地而生，都是遍地开花。大家又纷纷拜伏在这些小花面前。

倒转手机镜头拍下的图特别有气势

我一直为拍不好蓝天下的"二爷"而苦恼，钱塘教我把手机倒转过来，镜头瞬间更贴近地面，果然效果完全不一样了，拍出了一些"二爷"在蓝天下沐浴春风的怡然模样，尤其是几张山崖边的花图，更是拍出了"二爷"俯瞰延绵群山的超逸气质，比我用单反相机费尽心力拍的图片好看多了。

　　我们在这片高山盘桓了三个多小时，一路欣赏，一路惊叹，一路欢笑，特别尽兴，几乎忘了山外还有一个世界。

欢聚丹湫谷

⊙ 2021 / 03 / 20

⊚ 余姚市大岚镇柿林村

⊙ 小山

2021年的花事，进行得实在太快！二十四番花信风，姹紫嫣红，轮番上场，令人目不暇接。

在城里，海棠已绿肥红瘦，染井吉野刚刚谢幕，关山樱开始接力，只差蔷薇花爬满围墙，春天就要结束了。

在山野，一个个花讯不断传来——檫木满树新绿了，二叶郁金香到后期了，大花无柱兰开始在崖壁上舞蹈，华顶杜鹃如霞似锦，辉映四明，我想了好几年的獐耳细辛，也开花了。

于是，一个个周末的业余时间，都倍觉宝贵。只要不加班，无论天气如何，每个周末都会安排得满满当当，为的是多看一眼春天的模样。无奈，没有悟空那样的分身法，只能看到多少是多少。

本周末，三哥夫妇、秋麟夫妇两对"花伴侣"去括苍山看獐耳细辛，我们也如约一头扎进四明山深处，和C、掬水、美丽等天一书话的老友及家人，来了一场欢乐开怀的山野欢聚，算是未来"夕阳红旅行团"的一次预演。

行走在竹林间

上月筹划聚会地点的时候，我们希望在四明山找一个可以住一晚又比较原生态的地方。这很难，但居然被 C 找到了，她和先生真是费了不少心思。这个地方就是丹山赤水的丹湫谷，一个非常理想的度假兼"刷山"之地。

　　此地位于老柿林村下游约 1.5 公里的一个峡谷中，山环水绕，环境清幽，既有沿溪栈道这样的成熟路线，也有竹林间沿溪而上的原始土路，这对于我们两个半天的观花看景，最合适不过了。

　　丹湫谷是两条溪流的交汇之地。一条是赤水溪，谷宽水阔，自西北向东南，过老柿林村蜿蜒而下，栈道、桥梁、石桌凳等设施比较完备；另一条是从东北方向流下来的无名小溪，溪虽无名，但水量颇丰，急流欢唱着奔向赤水溪，汇集以后流入周公宅水库上游的水系。

　　头天下午，我们沿着无名小溪边上的土路，一路探索前行。同行的几位老友，都是当年天一书话的大咖级人物，底蕴深厚，各有所长，平时都以老师尊称。这次一起刷山，我仗着自己对草木关注稍微多一点，不揣浅陋地当起了植物老师。

　　不料才走进山间，就遇见几种叫不出名字的植物，真有点尴尬。不过，从另一方面来说，这个山谷还真是有点料啊。

　　第一种不认识的植物，白花绿叶，模样清秀，初看以为是宁海常见的心叶华葱芥，细看发现叶子不对，不是心叶，而是奇数复叶，有点陌生。出山后查询，才知是模式标本采于日本的白花碎米荠，此花在东北地区颇为常见，在宁波还是第一次遇见，算是个人新种。

　　沿着溪岸边狭窄难行的竹间小路前行，熟悉的物种渐渐多起来。

白花碎米荠 日本蛇根草

一路都是油点草的小苗，此刻叶子上的油点很明显，大家一听就记得很牢了。

白玉般精致的日本蛇根草，此处溪沟边也非常多。这种植物的花冠白色，初开时花药有点淡淡的玫红，最是好看，花粉成熟传播之后，花药变成黑色，黑白分明，颜值颇高。

宁波山间最常见的胡颓子属植物，此时正值果实变橙变红堪可食用之际。比如这里遇见的一种蔓胡颓子，就已橙红了。它和胡颓子的区别正如其名，一个是直立灌木，本种是藤本或攀缘灌木。

但这里遇见的另一种胡颓子属植物又难倒了我。它花丝细长，花朵精致，花冠花柄上的粗糙斑点透露出它们胡颓子家族的特征。令我

木半夏

奇怪的是，别的胡颓子这个时节果实都快成熟了，这么晚才开花的它，到底是谁呢？

后来查到其名字为木半夏，才理解这个名字的含义："其叶冬凋夏绿，春实夏熟，故称木半夏。"查资料，发现木半夏还是一种载入唐代鄞籍名医陈藏器大作《本草拾遗》的植物，看来有点来历。

一路走，一路跟老友们聊一些有故事的草木。岩石下，有一大片虎耳草，虽然不起眼，却是沈从文先生最爱的植物。汪曾祺在其纪念乃师的文章《星斗其文，赤子其人》末尾提及："沈先生家有一盆虎耳草，种在一个椭圆形的小小钧窑盆里。很多人不认识这种草。这就是《边城》里翠翠在梦里采摘的那种草，沈先生喜欢的草。"

珍珠绣线菊

　　竹林下，一株中华猕猴桃嫩叶初绽，这可是国外所谓奇异果的母本。早在唐朝，岑参《太白东溪张老舍即事，寄舍弟侄等》一诗中，就有"中庭井栏上，一架猕猴桃"之句，可见猕猴桃在我国历史之悠久。1904年，一位名叫伊莎贝尔的新西兰女教师，来中国探望她在湖北省传教的妹妹，后来带着一小袋猕猴桃种子回到新西兰，培育出三株开花结果的猕猴桃，由此成就了现代猕猴桃产业，此可谓"墙内开花墙外香"的典型。

　　山间的杜鹃和珍珠绣线菊也不时可见，一红一白，对比鲜明，颜值不低。

　　溪边的一种通泉草属植物，花朵比城内草坪上的通泉草要大两倍左右，非常精美，名字叫弹(dàn)刀子菜。紫草科的盾果草还是比较熟悉的，花和城里草坪上的小可爱附地菜有点类似，但是本种植株明显粗壮，而且全身是毛，一眼就可以辨识。

弹刀子菜 　　　　　　　　　　　　　　盾果草

　　当天下午虽然来回只走了 3000 多步，却收获了白花碎米荠和木半夏这两个新种，以及三叶委陵菜、盾果草等不大常见的物种，还在小木屋边看到一种美丽的园林花卉重瓣麦李，收获颇多，真是十分开心。

　　老友重聚，清游"刷山"，此乐何极！晚餐小酌四特酒、青梅酒，饭后围坐在小木屋的长廊上喝茶，听着溪水轰鸣，高谈阔论，直聊到深夜十一点才休息，可谓快慰平生。

　　第二天上午，顺着赤水溪边的木栈道游玩。这是常规的旅游线路，相对来讲，路好走多了，熟悉的草木也多一些。大家印象最深的有两种植物：一是青榨槭，一是木通。

　　青榨槭是自然界中少数开绿色花的植物之一。此时正值盛花期，我们戏言，以此花之精致，做饰物都不用改型，直接开模制造就很好了。

三叶委陵菜

青榨槭

木通

　　一串，可以做耳坠子——大说大笑的美丽，马上挂了一串在耳边；单朵，做胸针也是非常好看的。很期待有公司能够看到此间商机。

　　路边一棵苦茶槭树上，缠绕着一大丛木通，宁波人俗称"八月炸"。这种植物雌雄异花，枝条上既有雌花，也有雄花。其中花朵较大、有五个柱头的，是雌花，它们先成熟，柱头上有透明黏液，方便接受花粉。花药花丝弯成球状的是雄花，等雌花授粉完成才会成熟开裂，以便花粉传到其他植株上去。这种雌雄花朵错期开花的机制，是植物智慧的体现，目的是防止近亲传粉、种群退化。老友们听了大为惊讶，也为植物们的智慧感叹不已。

　　当然，大家对苦茶槭也不会忘。看到在枝头还宿存不少翅果，我给老友们演示翅果如何利用空气动力学旋转飘落。大家见后童心大发，撸了不少翅果，玩得根本停不下来，一个个开心得像孩子。

　　以前BBS时代，书是我们结盟的符号；如今，草木又成为连接我们友谊的新纽带。相信，有了越来越多的连接点，我们的友谊会历久而弥新。

悠游南山南

⊙ 2023 / 03 / 26

⊙ 海曙区章水镇皎口水库

⊙ 小山

八百里四明山，大小水库如碧玉一般，星罗棋布于各处的深山峡谷之中。

我最常去的有两个：一是溪口镇的亭下湖，在四明山之东南；另一是章水镇的皎口水库，在四明山之正东。

这两个水库周边，均为水源保护区，山高林密，沟谷纵横，环境清幽，生态极好，车程却不远，是我个人刷山观景休闲的私藏宝地。

周末两天有事，眼见大好春光，却不能出门，有点憋闷。最后半天有点时间，马上驱车前往皎口水库，去周边随意转转，在草木之间稍稍透口气。

车行五十分钟左右，过章水镇往左，上坡，出蜜岩隘口，一片温润宁静的青山绿水，如画卷般在眼前豁然打开。

碧水中央有一山，如鲸鱼般游于绿水之中，此为大皎山，又名龙山，20 世纪 70 年代修建的大坝，在山脚截断大皎、小皎两溪之水，成就了今日烟波浩渺的皎口水库。

水库南北，各有一路。南为细北线，盘旋而上，沿途可赏茅镬古树群，可游四明山森林公园，亦可登979米的宁波最高峰青虎湾岗。北为荷梁线，沿小皎溪过童皎村，即入余姚界，蜿蜒可至梁弄四明湖。这是一条经典的四明山穿越路线，我曾多次探访观赏的檫木王，就是在这条路上。

这次出行，时间有限，没走太远，最想去看看南山村南边的那株大梨树是否开花了，顺便看看沿途都开了些什么花。

车行在景致优美的密北线上，满眼湖光山色，沿途樱花如雪，心情立刻舒畅起来。在松岩寺脚下，左拐进入细下线（细岭至下塘）的一条僻静山路。

在这条悠长曲折的十公里盘山公路上，也就南山、小岙、下塘三个自然村，且南山另有一条路下山，而小岙、下塘，除了老人，少有人住。一个下午只看到四辆车，公交一，小汽车三。和车如流水不敢随意停车的密北线相比，细下线真是一条适合刷山的线路。

在这里，看到心仪植物，即可靠边停车，安安静静观察，从从容容拍摄，不用担心喇叭震天，车过如风。

路旁拐弯处，石壁峭立，大前年曾在此处拍过一大丛华丽绚烂的马银花，现在同样三月底，居然尚只有花苞。不过，旁边几丛映山红倒是开得不错，红苞簇簇，花开朵朵，疏密有致，娇艳迷人。

再往前一公里左右，远远就看到一棵白花满树的高大树木。大梨树果然已经开花了，它在蓝天之下一身洁白，是满眼苍翠中最耀眼的存在。它玉树一般站在路边，潇洒迎接着我的到来。

一树梨花照山白

梨花

东坡先生于徐州知州任上，写过一首《东栏梨花》，诗曰："梨花淡白柳深青，柳絮飞时花满城。惆怅东栏一株雪，人生看得几清明。"此诗写于他外放为官的第七年，诗中充满了时光易逝、壮志难酬的感伤情绪。

相比他的宦海沉浮、播迁四方，自己还是幸运的，虽然经历三年疫情，但自2020年发现这棵梨树，我已经是第四次来看它了。这棵梨树未经修剪，主干挺拔粗壮，高出于众林之表，气质不同于果园那些人为矮化的翠冠梨，完全是枝丫舒展的天然模样。

梨花花大色白，花柄细长，花朵簇生，层层叠叠着生于枝条之上。举头望去，满树如雪，微风吹来，犹如千万只白蝴蝶在枝间翩翩起舞。从花蕊来看，已是半红半黑，红色是未绽开的花药，黑色是已散粉的花药，说明这棵花树已经盛开一段日子了。若再晚来一周，估计是满树新绿了。

梨树下方，藏着一个世外桃源般的小村落。村落中心，是一个大池塘，像一面大镜子映照着天光云影。鳞次栉比高高低低的民居，以此为基点，扇形分布在太师椅般的山坡之上，这就是南山村。它本在水库底下的大皎溪边，后因大坝蓄水而搬迁于此。

南山无田，但四周山水秀美，景色怡人，是一个靠山吃山的小村庄。东边茶园碧绿，连绵起伏，往西是四明延绵群山，北面隔着水库与北山村遥相对望，南面草木苍翠奇峰高耸，既是村子的"大靠背"，也是我平时观花看草的南山南。

挥别大梨树，接着赏春花。路边一棵高大金钱松的绿色雄花，已

金钱松　　　　　　　　　　　掌叶覆盆子

经密密麻麻缀满了枝头；掌叶覆盆子的洁白大花错落有致地从崖壁上垂下来，在绿叶之间显得特别清雅秀丽；同属白花系的山矾，此路亦多见，小花细碎却花量巨大，靠近细看，芳香扑鼻，这是黄山谷为之命名的著名野花。大片大片的刻叶紫堇，在路边石壁之下长成了一个个天然花境。野桐的新叶浅红色，比鲜花还漂亮。

　　车子盘旋而上，山势渐高，朝山下遥望，浩渺水库变成了一条狭长大溪，在群山之间时隐时现。水边的密北线上，车如甲虫人似蚁。

　　近处山谷之中，有一片落叶树刚刚披上新绿，一簇簇，一条条，浓密而养眼。初看以为是绿叶，细看又有点像蜡瓣花一样的绿花，拿来望远镜一瞧，原来是杭州榆结出的翅果。其花细小不起眼，碧绿的翅果却如此具有观赏性，这也算当日一得了。

　　车停路边，徒步欣赏当季草木。这条路上很多青榨槭都按时开花

山矾 野桐

杭州榆果序

了。春日百花，浓妆淡抹，争奇斗艳，色彩迷人，唯有青榨槭之花色，居然和叶子一样，也是那种新绿色。其花小巧精致，成串摇曳于枝头，清新淡雅，非常耐看，是我最喜欢的春花之一。

一般说来，植物要吸引传粉者，或靠气味，或靠尺寸，或靠颜色。像青榨槭这样，既无气味，花朵又不大，颜色还和叶子一样，怎么吸引蜂蝶鸟虫来帮助它们呢？

秘密藏在它的枝头。同一植株之上，既有雄花序，亦有两性花序。雄花序上的花朵内，有8枚发达雄蕊，稍稍伸出花冠，这是用来传粉的；而两性花序上的花朵，既有雄蕊也有雌蕊，花朵中间，那顶部如羊儿弯卷双角的部分，是其雌蕊。雌蕊之下，也有8枚雄蕊，比起雄花序上的雄蕊，又小又弱，肉眼都看不太清楚。

春风吹拂，雄花成熟，花药囊开裂，花粉四处飞扬，两性花的弯弯羊角只需静静等待着花粉的到来。有人可能会问：既然有两性花，为什么还有雄花序存在呢？原来，两性花序的雄蕊是不育的，有效花粉还得来自雄花序，如此可以最大限度地避免自花传粉。

到这里才明白，青榨槭的花朵之所以敢长成和叶子一样的颜色，最主要原因，人家是风媒花。春风就可以帮它们轻松实现目标，又何必耗费宝贵养分把自己弄得花枝招展以招蜂引蝶呢？

路边一种落叶藤本植物，吸引了我的注意。它们叶柄细长，刚刚长出黄绿三出小叶，在西来的阳光下透亮可爱。其三片叶子形状各异，中间小叶是打蛋器那种梭状倒卵圆形，两边侧小叶却是菜刀一样的斜卵形。细看叶脉也不一样，中间小叶是离基三出弧形脉，侧小叶

雌花序

雄花序

雌花序

青榨槭花序

大血藤

是基部三出的树形脉。藤上还垂下来稀疏几簇花苞。

我盯着这几株藤本想了半天，忽然记起，这不是大血藤吗？以前印象比较深的是它们大刀一样的叶子，它们的幼年期倒没关注过，这下可以定点来此观察它们的花果了。要认识一种山野植物，往往需要不同季节的多次观察，这样才能见识到其不同生命阶段的不同样貌，才算是真正了解一种植物。

当我行至小岙村村口，夕阳已经落到山后，天色有点暗下来，不敢再往前走了。在宽处掉转车头，原路返回。

当行驶至拍杜鹃花的路段，发现我的三脚架竟赫然站在路边。我吃了一惊，自己真是一个马大哈。还好是在密下线，如果在其他路上，这个三脚架要么被拿走了，要么已被压得七零八落了。

华顶杜鹃,
盛放在四月的高山之巅

◉ 2023 / 04 / 01

◉ 宁海县梅林街道

◉ 小山

人间四月,气清景明,万物皆显。海拔由低到高的山野草木,几乎都在忙着长新叶,开新花,结新果。大自然的一切,是那么生机勃勃,自由自在。

在宁波高海拔山区,有两种风华绝代的美丽杜鹃让花友们念念不忘,一是清明前后绽放的华顶杜鹃,另一为"五一"前后登场的云锦杜鹃。

说起两种杜鹃的模式和分布,颇为有趣。云锦杜鹃模式标本出自宁波,1855年由"茶叶大盗"罗伯特·福琼在四明山采集,但中国最著名的云锦杜鹃景观,却在天台华顶国家森林公园,每年五月,数十亩云锦杜鹃老树新花,灿若云霞。

而华顶杜鹃模式标本出自天台华顶山,是新近才发表的一个物种。1988年4月24日由当时还在杭州大学生物系工作的丁炳扬老师采集,新种由他和方云亿教授联合发表于《植物研究》1990年第1期。

华顶杜鹃　　　　　　　　　　　　　　　　　　　云锦杜鹃

　　自 2016 年在溪口四明山发现华顶杜鹃以来，林海伦老师先后在
四明山黄海田林场、宁海望海尖等多地发现有该物种分布，分布点并
不比天台少。我 2017 年也曾跟着林老师去溪口高山，初识华顶杜鹃
的绝世容颜。

　　莲蓬哥，"甬城花伴侣"成员之一，老家在宁海县梅林街道一个
村。他在"小山草木记"微信公众号上读到林海伦老师相关推文之后，
说他在老家山上看到成片的华顶杜鹃正在开花。如果属实，这可是一
个重要消息，意味着宁波第四个华顶杜鹃分布点出现了。于是我们 4
月 1 日的刷山之旅，就是去此处一探究竟。

　　这里要解释一下"花伴侣"，它并不是中科院植物所那个认植物
的 App，而是一个刷山组织。自我们 2016 年开始在宁波刷山，7 年
多来，核心队伍成员时多时少，大浪淘沙到如今，除个别还在坚持外，

亮叶桦

渐渐演变为以夫妻档为主的刷山小团队，因在宁波，故称之为"甬城花伴侣"。大家年龄相仿，志同道合，专业互补，步调一致，每次出门，都是收获丰富的开心之旅。

这天不晴不雨，是个难得的刷山好天气。我们顺着一条机耕路盘旋而上，途中有几段比较泥泞，车轮在泥中打滑严重，差点都要人来推了。好在人员下空之后，还是上去了。一处道路上，堆放着刚砍下来的毛竹，车子过不去了。我们就地停车，拿好装备，开始刷山。

一路上，山矾如雪，香甜的气息不时随风吹到鼻尖。路边一种奇特植物引起了我们的注意，它们枝端高高低低挂着一条条长长的柔荑花序。我们看了半天，不认识。事后请教专家，得知这是亮叶桦，又名光皮桦。此处海拔 530 多米，亮叶桦正是一种高山才能见到的植物。

一种花色比山矾还白、个子比其还高的植物，不时在两边杂树林中看到，这是蔷薇科唐棣属的东亚唐棣，也是一种典型的高海拔植物。它们一身洁白，玉树临风，在千山一碧的当季，尤其显眼。大家都夸这是一个帅气的"堂弟"。《中国植物志》记载，东亚唐棣多在海拔1000—2000米的山坡、溪旁、混交林中有分布，从这里的海拔来看，530米以上也是可见的。

在所有悬钩子里，无论花姿，还是果味，掌叶覆盆子都可以列第一。这里到处可见它们一小树一小树的白花在盛大绽放。微风吹来，悬垂的大花随风飘动，仿佛千万只白鸽在翩翩起舞，让人想起盛花期的珙桐树。我们相约夏季再来吃美味红果果。

上周在皎口水库南山村附近，刚看到过大血藤花苞，才过去一周，就在这里遇见开花的老朋友，感觉非常亲切。它们从一棵大树上高高垂挂下来，白花星星点点，小叶柔嫩清新，远远看去，颇有桐花之气质。

这个时节，楤（sǒng）木顶端正冒出一丛一丛的嫩茎，有的已经微微展开，有的还是苞片半包着，这是一道南北著名的野菜，各地有很多俗名，比如刺老鸦、刺龙牙、龙牙楤木、刺嫩芽等。三哥常说，不但要用眼睛看植物，用相机拍植物，还要用口尝植物，这才算是全方位感觉春天了。他小心翼翼却手脚麻利地撸了小半袋，说要为我们的中餐准备一道最新鲜的野菜。

我们走出大路，拐入一条小路，在参天的柳杉之间穿行。灯台树长出了好看的黄褐色叶子，弧形叶脉十分漂亮。沿路看到不少乌头嫩

东亚唐棣

灯台树

大血藤

苗，期待十月的那一片蓝紫色。

当我们气喘吁吁爬到山顶，不经意回望来时路，但见大山层峦叠嶂，连绵起伏，最远处天际线上的一排山峰，居然是平的。莲蓬哥感叹道，都说海平线好看，这山平线也同样壮观恢宏。

在一处悬崖峭壁边上，看到一种野生海棠，绿叶花苞，胭脂点点，花柄紫色，样子长得有点像垂丝海棠，花朵却是朝上的。查资料，宁波只有一种野生海棠，即湖北海棠。可植物志的描述及园林见到的实物，花柄都是绿色的。后来请教资深专家陈征海、叶喜阳等老师，他们都确认是湖北海棠。叶喜阳老师说，花柄是红还是绿，作为鉴定标准之一并不靠谱，因为花柄颜色会因土壤和环境等因素不同而有变化。

我们在山脊线上继续前行，远远看到对面山坡近山顶的杂树林中，间断分布着好几大片紫色的花树，规模不小。我拿出望远镜细细看了一下，果然就是我们的目标物种华顶杜鹃。莲蓬哥虽然近一两年才关注植物，但进步神速，这次居然发现了一种珍稀植物的新分布点，的确厉害。

目标在前，我们并不着急，先填饱肚子再说。莲蓬哥一大早准备好了年糕片、雪菜、蛏子、花蛤和江白虾等新鲜食材，一直拎着爬山。我们拐过一个山头，来到一处设施齐全的补给站，在老灶台边上开始忙碌起来。三哥掌勺，我烧火，窗前、秋麟洗碗，贺哥、莲心等拾柴，大家齐动手准备午餐。没过多久，一人一大碗海鲜年糕汤端上桌。大家就着清新可口的清炒楤木嫩芽，吃了一顿最美好的中餐。

午后两点半，我们去找华顶杜鹃。伙伴们向上穿过柳杉林，去拍最近的一小丛。我和三哥走山腰小路，直接去对面山上找之前望见的那一大片。

这片华顶杜鹃并不难找，740 多米的高山，此刻落叶杂树才刚刚舒醒，嫩芽初展，新叶不多，林中视线还不错，而灿烂的紫色，又特别显眼，远远就可以看见。当我钻进杂树林，快接近那片华顶杜鹃的时候，忽然听到下面有人说话，问我是不是小山老师。我吃了一惊，这里居然有人，而且还能叫出我的名字。

一寻思，估计是他刚刚听见我和三哥对话了。近前一看，一个身着浅蓝毛衣白裤子的娃娃脸小伙子，正坐在一棵光秃秃的四照花树杈间拍华顶杜鹃。原来是我们"拈花惹草部落"宁波分舵的独花兰先生，一位走遍象山、宁海大小山坡的植物重度爱好者。前段时间，他还带

树皮蛇鳞状开裂

华顶杜鹃

林海伦老师去象山看了野生浙贝母。他对宁波乡土植物的熟稔程度，得到了林老师的高度赞扬。

这片华顶杜鹃规模不小，少说也有几十棵。伴生树种主要是山樱花、山橿、四照花、老鼠屎、湖北海棠、紫藤等，并没看到《浙江植物志》上说的黄山松。枝上花朵十分新鲜，地上也没有看到几朵落花，说明还是初开期。我们来得真是太及时，看到了它们盛极未衰的闪耀时刻。遗憾的是，周边杂树丛生，到处都是遮挡，相机拍照比较困难，难怪独花兰先生要爬到树上去拍照片。

我也试着爬到独花兰先生刚刚所在的位置，视角一升高，没了杂树的干扰，我顿时被眼前的美景震撼了。在层层大山的苍茫背景下，一大片灿若云霞的花朵，自由自在绽放在天地之间，实在是人间少见的美丽景象。因为没有叶子的妨碍，每一朵花都如此精神，都如此纯粹，把一棵棵花树打扮得雍容华贵、锦绣天成，令人绝倒。这些经年累月吸收着天地精华的植物，硬是把自己进化成了天地精华之中最美丽的一部分。

我在树上看呆了，当三哥提醒我注意安全时，我才回过神来，开始在树上小心地用相机记录这片美丽的华顶杜鹃。但无论如何取景构图，都不能展现其美丽之万一。这种震撼，只有在现场，才能感受。

认植物也是这样，不到现场，光看图片，很难把华顶杜鹃和紫色映山红区别开来。这里提供几个简单判断点。首先看海拔，如果不是 700 米之上的高山，大概率是映山红。其次看树皮，映山红树皮光滑，而华顶杜鹃的树皮斑斑驳驳，蛇鳞状开裂，这是最直观的辨识方法。最后看形态，华顶杜鹃主干比较粗壮，长得像棵小树，而映山红是典型的灌木，以一丛一丛的居多。

华顶杜鹃非常稀有，据说全省也就1000多株，是浙江特有种，浙江省重点保护野生植物，并已列入2021年版《国家重点保护野生植物名录》国家二级重点保护野生植物行列。

这意味着对该植物的保护已经升级，如果擅自采挖，将被追究刑事责任。更何况，这种高山杜鹃，对生境有严苛要求，一下山就活不了。所以也奉劝有挖老桩习惯的朋友，不要浪费时间精力，让这种珍稀植物好好在高山上自由生长、自在开花吧。

本文特地隐去这些华顶杜鹃的具体地点，目的也是希望这些美丽树种能够不受打扰地在山间静静生长。如果有缘，您一定会在高山之间遇见美丽的华顶杜鹃。

感受美好，也要付出代价，除翻山越岭身体劳顿，还要遭遇山蚂蟥。又一次被山蚂蟥隔着袜子攻击了，它吸饱了血，掉在鞋袜之间。我一脱鞋子，这家伙又掉在枯叶丛中，一下子找不到了，真是便宜它了。这一叮咬，让我的脚踝又红又痒又肿了三天。不过，能一睹华顶杜鹃之美，被叮一次，也是值得的。

寻找秤锤树

◎ 2023 / 04 / 08

◎ 慈溪市南部山区

◎ 小山

2021年4月16日，一条《宁波首次发现国家二级重点保护野生植物——秤锤树》的新闻在微信朋友圈、各大媒体及植物群刷屏。

这是一条爆炸性新闻！野生秤锤树在其模式标本产地南京，都已踪迹难觅，国内其他地方更是少有分布，此次居然在慈溪发现了两个分布点。据宁波市林业技术服务中心正高级工程师李修鹏主任介绍，两个居群个体数量超过50株（丛）。幸运的是，我在第一时间找到了其中一个分布点。

秤锤树，安息香科秤锤树属，又名捷克木、秤砣树，前一个俗名为音译，后一个和正式中文名意思差不多，是根据果实外形如下垂的秤砣来命名的。不过，秤锤树的小白花却如小仙女一般清姿飘逸，是一种名字很坚硬，花朵却很柔美的有趣植物。

秤锤树之所以是我国植物学界久负盛名的物种，其主要原因有二：

一是标本采集者及定名者均为我国植物学界具有世界影响力的人物。秤锤树的模式标本，由世界著名的蕨类植物分类专家秦仁昌先生于 1927 年在南京幕府山采集，而秤锤树种及属的定名及发表，则由中国现代植物学奠基人胡先骕先生于 1928 年完成，是我国植物学家发表的第二个新属。此前，胡先生于 1925 年命名了兰科风兰属。

新属发表之后，该属先后发表了狭果秤锤树、棱果秤锤树、肉果秤锤树、细果秤锤树、怀化秤锤树、黄梅秤锤树六个种。原来还有一个长果秤锤树，后来归为独立的长果安息香属，已经改名长果安息香了。所以，根据截至目前的文献资料，秤锤树属一共有 7 个物种。

二是秤锤树在野外处于濒临灭绝状态。1999 年，国家林业局、农业部经国务院批准后联合发布的第一批《国家重点保护野生植物名录》之中，秤锤树赫然在列。由于开山采石、随意砍伐等原因，秤锤树在其模式标本产地或已灭绝。在后来发现有分布的河南新县、商城，也濒临灭绝。现所存世的秤锤树，多在各地植物园迁地保护，野生种群，难得一见。

2021 年 4 月 10 日，花友 Nancy 在"小山草木记"微信公众号一篇关于宁波植物园植物的推文下留言，说慈溪也有秤锤树。基于前文所述认知，我本能地认为这几乎不可能。但互加微信后，看到 Nancy 发给我的花、果图，我不得不相信了。因为下垂小白花在安息香科虽然很难区别，但带着尖喙、形似秤锤的独特果实，却是秤锤树最突出的辨识标志。

为了一探究竟，也为了缩小信息扩散范围，我决定一个人冒雨前往慈溪考察。第二天上午，我依据 Nancy 所给的准确定位，很快找到了照片中的那棵树，满树小白花在雨中显得如此清新秀丽。我还在

秤锤树花期在清明节前后

树底下找到不少秤锤般的果实。不过，这不仅仅是一棵树，而是灌木状的一大丛，数了数，足足有十五六根，和《中国植物志》所描述的"乔木，高达7米"有点不符，难道这是另一种秤锤树？

我用手机拍下了花、果、树干及生境的图片，现场发给浙江省著名植物分类专家、省森林资源监测中心陈征海教授，他马上回复说就是秤锤树，还问是不是慈溪的，并给我发来了他所拍摄的挂果图、花图等照片。

我这才知道，原来省内著名专家李根有、陈征海、李修鹏、徐绍清等所组成的考察小组已经跟踪这些秤锤树近一年时间了。陈教授还说，徐绍清老师等正在撰写浙江省分布新记录的论文，接下来需要进行再调查，弄清楚种群数量、群落特征等情况。

了解这些消息之后，我的心情无比激动，原来宁波真有大熊猫般珍稀的秤锤树！我收好手机，撑着伞，一个人在烟雨迷蒙的山间考察这片秤锤树的自然生长状况。这些秤锤树夹杂在枫香树、檵木、苦槠、小野竹等树种中间，主要沿着溪谷间断分布，接近坡顶的地方没有秤锤树。猜测这是因流水方式传播种子导致的自然分布，也说明它们比较喜欢湿润的地方。

这里的秤锤树不论大小，几乎都是典型的丛生状灌木。所以《中国植物志》单单记载成乔木是不合适的，应该记载为小乔木或灌木才比较恰当。

这条溪谷两边，都是杨梅树和坟墓，独行其间感觉有点瘆得慌，离人太近也让这一片秤锤树的生存状况有点尴尬。一开始这片秤锤树

这片秤锤树多呈丛生状

小白花清雅可爱

秤锤树果如秤锤

居群数量应该更多，但其生存空间一直被人为压缩也是事实。

正如 Nancy 留言所说，因为种杨梅，很多老百姓把秤锤树当作杂木砍掉了。我在路边就看到一丛单枝有碗口粗的秤锤树被齐齐砍断，非常可惜！不过，当我 2023 年 4 月 8 日和大山雀老师一起再去看这些花树时，这棵树桩周边长出的新枝条，已经有两三米高了，而且是那一片秤锤之中花开最早也是最灿烂的一株，不知是因为长在路边，得风气之先，还是植株新发的原因。

话说回来，官方消息公布之后，如何保护这些珍稀植物，是一个必须提上议事日程的问题。

个人以为，有两件事情是亟需做的：首先，建议当地党委政府在村民、果农之间加大宣传力度，告知他们随意砍伐国家二级保护野生植物的后果，让他们加以爱护；其次，建议省市资规部门采取有力措施予以保护，或划出保护区就地保护，或迁地保护一批，让这批在模式标本地南京都难觅踪影的国宝级野生植物，成为宁波生态建设的一张金名片。

从明堂岙到太白山巅

◎ 2022 / 04 / 16

◎ 鄞州区五乡镇明堂岙村

◎ 小山

甬城之东三十公里，有太白山，横跨鄞州、北仑两区。

山之北、东属北仑，海拔 653 米之最高处，即在北仑境内，为其第一高峰。山之西、南属鄞州，晋代古刹天童寺、阿育王寺分列南北山麓，前者为日本最大佛教宗派曹洞宗之祖庭，后者藏有佛祖真身舍利，二寺均以龙象辈出而名闻海内外，可见此山之钟灵毓秀。

太白山之南，是天童寺及天童森林公园，平时多从这边上太白山。从西边上太白山，起源于 2022 年春一次寻找流苏树的经历。

一直很眼馋福州三坊七巷百年流苏树之壮观秀丽。偶与林海伦老师聊及此事，他说这有什么好馋的，宁波也有流苏树。次日周六，正好有暇，根据他的提示，驱车去鄞州和北仑交界处的明堂岙村寻找流苏树。

由于山野太大，地方不熟悉，目标不好找，干脆放弃。在村子两棵大泡桐树下，左拐上山，自此路去太白山顶看看。

一路之上，新绿满眼，山花夹道，鸟鸣悦耳，到处一片生机勃勃景象。

村子上方的道旁，有五六株油桐。桐花落了一地，树上地上花朵各半，一派暮春景象。

因为疫情，有一段时间没来山里了，野蔷薇和金樱子居然也已经过了盛花期，枝上花朵半新半枯，不过依然香气扑鼻。

路边崖壁之上有一大片络石，洁白的小风车散发出阵阵清香。这是一种适应性非常强的藤本植物，在龙观雪岙村，曾看到它们爬满老枫杨树，花枝披垂，如梦如幻，美丽又浪漫。

车子开到半山腰一个开阔处，看到路边山谷有一大丛马银花开得非常灿烂，立即停车拍照。拍好马银花，站在半山之上往西望，近处是明堂岙村的房子沿着溪谷错落有致地排列着，远处峰峦叠嶂势如奔马，极目处，东部新城的高楼大厦如海市蜃楼般影影绰绰。

当我继续往上，非常开心地发现，我走进了一条马银花之路。宁波五六种野生杜鹃花之中，马银花是我最喜欢的一种。不过，这种花平时不大好找，人行山间，最多偶尔看到一丛两丛，没想到这里居然比比皆是，不时看到一条条淡紫色花瀑从悬崖之上高高倾泻下来。

马银花花朵精致，花瓣较厚，看起来如缎似锦，其花色从深紫到淡紫，变化多端，色彩迷人，上面三个花瓣内侧，还长着指示花蜜方向的深紫色斑点，让整朵花显得更风姿迷人。我尤其喜欢浅紫色的马银花，高贵典雅，轻盈秀气，每次遇见，都会站在花下细细欣赏。

马银花花美，但其名字之来源，却让人费解，不知因何而起。我们平时开玩笑说，它真像某个女同学的名字。我大学一位赣州老乡，名字还真就是这三个字。

我也查了很多权威资料，都没有答案。偶尔在一个名叫蓝紫青灰

马银花

的上海畅销书作家的文章里，看到了她对此事的一个考证，觉得有一定道理。

她认为，马银花这个名字见于《植物名实图考》，但吴其濬对它的描述，应是华南的马缨花。而把古书上的"马银花"定为*Rhododendron ovatum*的中文正式名，是在1972年出版的《中国高等植物图鉴》中。她分析，马银花的颜色是粉紫带点青莲，明末清初有一种粉色名"退红"，又叫"出炉银"，是烧红的银块在温度降低后泛出的青中带紫、粉中有蓝的那么一种颜色，马银花的颜色就和它很像。

从她的考证来看，本来《植物名实图考》中的"马银花"三个字并非今之"马银花"，但后来一位颇有传统文化功底的植物学家，根据马银花的颜色，直接将此名字用到我们现代所指的马银花身上，完成了一次了不起的"移花接木"，这样"马""银"两个字就都有着落了。

四月的季节，是杜鹃花的季节。马银花之外，这里随处可见的，还有南方最常见的杜鹃花科杜鹃花属科属长杜鹃，我们老家叫作映山红，不少地方形成花海，不过这里主要长在路边。一路上看到它们大红或紫红色的一丛丛花朵，或在崖壁之上，或在杂树之间，开得热烈而奔放。

在千山一绿的环境中，黄色无疑是最惹眼的颜色。路边一树云实，高大健壮，花开得像座小金山似的，走过或者开车路过之人，无不对它们行注目礼，人们或停下脚步，或摇下车窗，拿出手机记录这一片动人色彩。

此时山间紫色系的野花，马银花、杜鹃之外，紫藤最为惹眼。一

杜鹃　　　　　　　　　　　　　　　　云实

紫藤

莢蒾　　　　　　　　　　　石斑木

路盘旋而上，见到很多紫藤爬得很高，紫花如一串串铃铛在风中摇曳。尤其在山顶附近，东一丛西一丛的紫藤开满山间，壮观程度堪比西坞金峨山杜鹃。

　　这个季节山中开白花的植物不多，金樱子和野蔷薇之外，还有两种。

　　一种是莢蒾，喜欢长在悬崖之上，洁白的五出伞形花序，清雅脱俗，太高够不着，仰拍一下也是挺有型的；第二种是崖壁脚下的石斑木，路边见到很多，且花比别处长得好，它们初开时，花瓣花蕊都是白色的，而授粉之后变红的花蕊，与白色花瓣的搭配，非常和谐。

　　车到山顶，已在北仑境内。东北望去，港城北仑的高楼大厦，如一片积木般搭在近处山脚之下；北仑电厂的大烟囱，正吐着淡淡的白烟；海边的一排排大型龙门吊，正在集装箱大船边忙着装卸作业；更

远处为金塘跨海大桥

远处，金塘跨海大桥如白龙般横卧于碧波之间。新世纪前后我曾工作过7年的这个海边小城，如今已发展为颇具气象、实力雄厚的中等城市了。

比起半山腰及以下，山顶植物多样性稍微差一些。路边看到一棵平时并不多见的华东稠李，此时树叶间长了一些形似毛毛虫的花序，花开稀疏，似乎比较节制。同样是毛毛虫般的花序，苦槠花就不一样了，它们开得惊天动地，恣意汪洋，站在半山腰，隔了好远，都能看到它们在对面坡上开花的盛况。

一路没忘记此行的目标种流苏树，但直到路尽头，都没有看到一棵。不过，要找一种流苏树的替代品，也不是没有，檵木就是一种不错的花朵近似种。

檵木为金缕梅科檵木属一种灌木或小乔木，是南方一种广布而雅

华东稠李　　　　　　　　　苦槠

檵木

致的植物，城里绿化带的红花檵木，即由其驯化而来。此时山间黄白色调的主要贡献者，除了苦槠树，它们是最突出的一种。

虽然檵木和木樨科流苏树属的流苏不同科不同属，其花瓣条形，形同碎纸机里出来的白纸，与流苏树的确一模一样，只是流苏树更加白净一些。这一路，看够了满山满谷的它们，就算是看过了流苏树吧。

从明堂岙开车去太白山巅，路上车不多，还算幽静，关键是物种还非常丰富，值得以后经常开车或徒步前去细细探访。

不过此路比较狭窄，会车有点困难，好在一路之上有不少港湾式停车点，既方便停车看植物，有情况的时候也好有个退路。

对于车技一般的花友，可能还是徒步更安全一些，还能看得更多更仔细一些。与路人交流后得知，自明堂岙村沿着公路步行上去，至山顶约需 2 个小时，来回 4 个小时左右的路程，对喜欢徒步的人来说，正好强度适宜。

檀木

桐花开处，愿与君同

⊙ 2021 / 04 / 24

⊙ 鄞州区东钱湖镇横街村

⊙ 窗前

　　繁花竞秀的春天，是蜂蝶与花的一场缠绵，也是人与花的一场热恋。

　　今年春天，常常在秦观的词《行香子》里，品味这份轻快的热烈。花事日盛，"有桃花红，李花白，菜花黄"，"正莺儿啼、燕儿舞、蝶儿忙"；而人呢，眼见得这里花正开，那边花将落，闲暇时便追着花期，"倚东风，豪兴徜徉"！

　　忽然就到谷雨了。周末去东钱湖韩天线看桐花，车缓行在群山之间，满眼是极新鲜极娇嫩的绿，心顿时安静下来。同时也知道，春天正一点一点远去，江南赏花的脚步也可以更从容了。

　　已是桐花盛开时节，路边高大的油桐树或三五成林，或一树独芳。树梢上花朵攒聚，风起处，簌簌飘下几朵。这白色的花瓣中间，点缀着橙红色脉纹，显得清丽古雅。我们且行且停，树上树下，怎么也看不够。

　　在路边一棵树龄小、花量少的油桐旁，小山说："桐花雌雄同株，

雌花　　　　　　　　　　　　　雄花

你见过雌花吗?"我愣住了。之前只知道雄花一旦完成授粉就整朵凋落,为雌花结果腾出更多营养供应,这是桐花的生存智慧,但我从没注意过雌花。小山在触手可及的树枝上找了一会儿,摘来两朵让我猜雌雄。我第一次观察雌花小巧的绿色子房,原来桐果是这样慢慢长大的,真有趣呀!

　　我们还想找另一朵雌花,然而地上都是雄花,低处枝上仅有的几朵也不例外。后来查资料得知:雌花常着生于花序主轴及侧轴的顶端,形成单果或丛生果序。大概当时我们寻过的枝头,那含苞的正是雌花呢。想着下次去看桐花,必须按图索骥,再找一找雌花。

　　这便是我们看花、拍花、写花之生生不息的动力所在吧。即便是同一种花,每年去看,总会有一种久别重逢的喜悦感和温故知新的获得感。

　　更多的时候,我们和花友们一起刷山。宁波花友中,像我们这样热爱花草的夫妻、兄弟姐妹、朋友越来越多。我们的一些老朋友,也

常常参与到刷山中来。一群人在静谧的山中行走，中午便临溪而坐，听着水声和鸟鸣，吃个简餐。在大自然里，我们如孩童般，天真纯粹，身心如洗。

桐花于我，还有一份特别的情愫。

2020年谷雨日，我们一群花友冒雨去鄞州区横溪镇看桐花。通往白云岗的山路两侧或密林深处，时不时可见一树桐花。清新的山色，晶莹的水珠，雨后的桐花尤见风致。

下午到家后，恰逢两个喜爱莳花弄草的大学女同学在朋友圈商议建群，我们仨一拍即合，又邀来经常一起交流花艺的女同学，共11人。文艺女中年们戏称，《红楼梦》里有海棠社、桃花社，她们作诗，咱们种花，相当接地气。大家商定以我在群里分享的当天拍摄的桐花为盟，于是便有了谷雨桐花社。

我们曾在青春的驿站相逢，如今天各一方，因为对花草的热爱，又云聚在谷雨桐花社。巧的是，我们所在的城市分布在北上广、苏浙赣，既可见证春天从南到北，又能云赏各地花草。岭南风情、江南雅韵、北国春秋，此起彼伏，遥相呼应。

这些中文专业的女同学，看到一种花，往往先唤醒记忆中的某句诗词，因了花，又细品诗词的妙处。比如看到桐花，想起"桐花万里丹山路"，见到蔷薇，想起"无力蔷薇卧晓枝"。又如，初见萍蓬草，感叹"萍水相逢，尽是他乡之花"；盛赞某张最惊艳的花图，称"孤'片'压全群"；描述使君子的花，"一簇簇娇俏可人，热热闹闹的，像贾府那群小丫鬟"。

除了谈花论草，大家也交流工作。2020年新冠疫情期间，群里的老师们分享了直播上课、网上监考、熬夜网批作业的酸甜苦辣。对于工作和兴趣，她们化用辛弃疾"却将万字平戎策，换得东家种树书"，笑称：可将万字古诗卷，并立案头种树书。

谷雨桐花社，有时是我们卧谈的"云寝室"。青春匆匆而去，"三十而立""四十不惑"已渐行渐远。眼见得五十岁正势如破竹地掩杀过来，然而可爱的女同学们，在时光的历练中日愈通达。关于白发，有人戏谑：岁月如酒，渐渐上了头。某晚临睡前，聊及精力不济、记忆力减退，有人俏皮道：我困欲眠卿且去，明日有意抱琴来。

喜欢在桐花前流连，也喜欢谷雨桐花社的诗情花意。

桐花开处，愿与君同。

雁苍山看花记

◉ 2023 / 05 / 13

◉ 宁海县梅林街道山下刘村

◉ 小山

　　宁海雁苍山，位于天台山脉东麓，横跨梅林、深甽、西店三镇街。《宁海县志》解释山名："上有石如雁行，其色苍然，故名。"

　　路过雁苍山多次，我不知道那些恍若雁行的石头在哪儿，当然也并不想去求证。让我牵挂于心的，是吉祥禅寺边上那条沟谷里的春云实。

　　去年12月11日，"甬城花伴侣"刷山小组冬游雁苍山，一路欢歌笑语，收获颇丰。在小水库以上近百米的溪畔路边，不时看到春云实那整齐小巧却绿油油的小叶子，枝间还挂着不少圆胖且有点歪斜的可爱种荚。如此规模的春云实种群，着实难得，我们当时就约定来年花期一定要来一睹盛况。

　　今年5月13日，一个周六，估摸着春云实已到花期，我们动身前往。导航目的地设为吉祥禅寺，其对面即为停车场。

　　宁海北下高速，过梅林水库，右拐进入一条宽阔的公路，向西而行。穿过梅林、凤潭两个隧道，视野豁然开朗，一片佳山秀水呈现在眼前。

这条路，是我们去宁海刷山经常走的路线之一。以前去过的兰丁香山、南溪温泉、龙宫大溪、河洪佛手山等，都在这条路上。

当车子行驶至山下刘村村口，我们被村后山上的景象震惊了。在万山苍翠的春末山间，一种壳斗科植物大面积盛放，从山腰开到山顶，连绵不绝，白中带黄的一树树繁花，如云似雪，几乎把山上的大片绿色给盖住了，青山变成了苍山，雁苍山此时真名副其实了。

一开始，我们猜测可能是苦槠花，因为去年4月16日我就曾在明堂岙看到过苦槠同样盛大的花开景象，不过时间有点对不上。疑惑之际，我们已过村入山。可巧，一棵花树就在路边迎风摇曳，等着为我们现身说法。

我们赶紧下车，细细观察，花序如同一条条白色毛毛虫，散发出一股浓浓的生命气息，样子和苦槠的确有点像。但一看叶子，上灰绿，下锈黄，形细长，边全缘，与苦槠"叶缘在中部以上有锯齿状锐齿"的特征并不符合。

结合花、叶判断，我们鉴定为栲树。因为叶背红褐、黄褐这层粉状蜡鳞，栲树又名红栲、红叶栲、红背槠、火烧柯，站在树下抬头仰望树冠，其新叶及老叶在阳光的照射之下，的确有那么一点火焰烧空的感觉。

栲树又名丝栗栲，为壳斗科锥属常绿乔木，高可达30米，是南方山野之间常见的一种建群种。在福建、江西、湖南等地山中，栲树常常成片生长，成为优势群落。每到花季，漫山遍野的栲树花开，千山万壑之间，犹如五月飞雪，景致之美，令人叹为观止。

连续弯路
减速慢行

栲树花大面积绽放

栲树花

栲树叶

在南方，同样盛大开花的壳斗科植物，除了栲槠，还有板栗、锥栗等。华南还有一种锥属植物黧蒴锥，也是同样气势非凡。有一年四月中旬，我曾在深圳梧桐山见识了其连绵花海的盛况。

栲树是一种很有意思的树种，它们当年花，次年秋天果实才成熟，我们通常说的"春华秋实"，在栲树上并不适用，其果实孕育成熟时间超过 1 年。这一点和香榧有点像，只不过香榧成熟的时间更长，要将近 3 年。

栲树果实和锥栗类似，外面也包着带刺的壳斗，也是一壳一粒，植物志说栲树果实可以生食，希望来年记得再来此处，摘几个栲果尝尝是什么味道，这样才算是真正感受了这种植物的完整生命史。

只要出门刷山，总会有很多意外的收获，还没看到目标物种，这偶然的邂逅，已经让我们非常满足了。

到雁苍山风景区，标志性景观马拉尿瀑布不可不看。"马拉尿"是村民对瀑布的称呼，一般介绍称之为雁苍山瀑布，也有呼为九龙飞瀑的。

瀑布入口在山下刘村东首。在凫溪与入口之间，有牌坊一座，书丹"雁苍山"，颇有古意。瀑布跌落后的溪水，在牌坊之处汇入宽阔的凫溪。

我们沿溪边小道前去欣赏。路边溪旁，草木葳蕤，万物蓬勃，瀑布轰鸣之声隐约可闻。

铁冬青绽开着白中带绿的精致小花，假福王草的顶部，长出了高粱穗般的紫色花苞，山莓、蓬蘽诱人的小红果稀稀疏疏，来往人多了，

雁苍山瀑布

想找一颗颗粒饱满的果子来吃，也不是容易的事情。

没走多久，穿过一片小树林，一面高大宽阔的巨型岩壁赫然呈现在眼前。瀑布在岩壁偏西位置，此时水量并不大，但声势依然不小，不知村民何以用"马拉尿"称呼之。瀑下有浅潭颇宽，中有大小巨石散落各处，颇适合小朋友们夏天来戏水冲凉。

瀑布只是略微看看而已。我最感兴趣的，是瀑下东侧崖壁之间的草木。这种常年水汽氤氲凹凸不平的岩壁，定有一些喜阴喜湿植物生长其间，说不定有兰花、苦苣苔之类宝贝呢。

我站在潭边，目光在对面崖壁之间扫视，高处一丛粉色花吸引了我。心中一喜，莫不是什么苦苣苔开花了？我小心攀过巨石，来到崖壁之下，举头一看，原来只是一丛粉团蔷薇。不过，在这样的生境之下，这丛蔷薇也算是自带仙气了。

我踩着崖壁边缘的巨石，向瀑布方向探索过去，虽未找到兰花、苦苣苔之类珍稀植物，但也有不少发现。

一丛漂亮的韩信草，长在一个石窝子之中，紫色小花如同一群好奇张望的小精灵，高高低低爬满了枝顶，在坚硬的岩石之间，显得如此轻巧灵秀。其花序下部已结出小勺子般的果实。韩信草是宁波山间一种常见小野花，虽中文名现已经改为印度黄芩，但我们还是喜欢这个有历史感的传统名字。

最让我们惊喜的是，这里还看到不少滴水珠，一种天南星科半夏属的可爱植物。从其多如牛毛的俗名，可以窥见此种植物的一些基本特征。

比如独龙珠、蛇珠、岩珠、一粒珠、水滴珠、一滴珠，和滴水珠一样，主要强调其叶基部上下各有一颗珠芽，乍然看见，颇像一颗水珠子落于叶面之间，故名各种"珠"。珠芽是植物无性繁殖的一种方式，珠芽尖距紫堇、卷丹等植物都有这种现象，这是植物在种子繁殖不能进行之时，备用的一种繁殖策略，也是植物的生存智慧之一。

水半夏、山半夏、石里开、石半夏、岩芋、石蜘蛛、深山半夏等俗名，多强调其生境。平时我们所见之半夏，一般在草坪、绿化或者阴湿的平地路边，而滴水珠最喜欢生长在山野湿润的绝壁之上，所以会有石、山、岩、水等词语冠之在前。

滴水珠还有独叶一枝花、独角莲等俗名，则形容它们一片叶子一

韩信草

滴水珠

珠芽

滴水珠之珠芽

多花黄精

枝花的外貌，其佛焰苞和半夏比较像，相对矮粗一些而已。此处滴水珠，既有开花的，也有只长叶的，而且位置不高不低，正好方便我们观察拍照，弥补了上次在龙宫大溪看得见拍不着之遗憾。

在接近瀑布一处凸出石壁之间，还有三两枝多花黄精自一丛青草中横斜逸出，潇洒而漂亮，是大自然中最动人的景象。

它们高高在上，无人打扰，吸收着天地精华，又有着水汽的常年滋养，枝干长得特别健壮，新叶整齐，苍翠欲滴，悠长的叶脉在侧逆光下清晰可见，枝下挂满了绿玉般的小铃铛，在叶下轻轻晃动，与飞流直下水汽弥漫的瀑布相映成趣。

这是我这些年来见过的最漂亮的多花黄精，也是拍摄机位最好的多花黄精，拍了好久都不满足。同伴们提醒，我们爬雁苍山的时间不多了，我才恋恋不舍离开了这片迷人的岩壁。

春云实初花

我们在吉祥禅寺附近停好车，走过一个水碧如玉的小水库，进入那条沟谷，春云实果然开花了。

不过，大多数只是初开，长长的锈黄色花序上，开了零星几朵花，更多的还是花苞，虽没有我们想象中的那种盛况，但东一簇西一丛的黄色花序，在苍翠满眼的初夏山间，也算一道美丽风景线了。世间又哪有那么多十全十美的事情呢？看野花尤其如此，特别讲究运气！

宁波人对云实很熟悉，但不一定知道春云实。

云实树心会长出一种白白胖胖的天牛科幼虫，为民间治疗幼儿厌食积食的良药，此虫不易得，斗米才能换一虫，故称"斗米虫"。那天莲心妈妈正好和我们同在山里待了一会儿，聊天之际，一说起云实，她就知道这是一种会长"斗米虫"的树。而对宁波风物颇为熟悉的天一阁龚烈沸老师告诉我，他四明山老家还有村人专门种植云实取虫自用。

春云实树心就不长这种虫子，对它自己来说，"无用方为大用"，倒正好全其天年。

　　云实在宁波，可谓处处有之。四月中旬前后的宁波山野，明黄黄一簇簇的云实花不时在路边闪现。

　　云实在绿化中早有运用了。我第一次认识云实，是2009年4月在鄞州人民医院一角。但见植株粗壮，枝蔓宽展，正是花开时节，一片黄色花海！我和窗前透过栅栏拍了不少照片。窗前还曾赋诗一首，发表在报纸上。不料次年再去探花，云实居然被换成海桐了，我们叹息良久。

　　相对来讲，春云实在宁波少一些。这些年来，我也仅在海曙龙观青云梯、五龙潭，象山爵溪老虎穴等少数地方见到它，但都不在花期。

　　我所见过开花最壮观的一丛春云实，却在城区。2019年5月4日，在宁波华茂外国语学校靠近贸城路的校园一角，一丛春云实顺着围墙边的一棵树，爬得很高，暗黄色花朵缀满枝头，举头望去，就像一条巨大的黄色花瀑从天而降，非常震撼。

　　可惜，我次年再次路过，发现那丛春云实也不知什么时候被挖掉了。城市里很多花木都是这样，命运总是如此捉摸不定。

　　很多人分辨不清春云实和云实。其实，它们最大的区别，春云实是常绿藤本，云实是落叶藤本，故冬天很容易就能认出春云实来。到了夏天，新枝初展的时候，春云实那一身锈色茸毛也是云实所没有的，这锈黄甚至盖过了新枝叶的嫩绿，看起来是一种黄绿混搭的颜色，这也是肉眼可见的区别。

春云实 云实

春云实枝间有刺 冬日春云实

从花朵来看，云实花大一些，明亮一些，尤其是雄蕊上的红色花药和花丝，更是整朵花中的点睛之笔，让云实花朵看起来更加明艳动人。龚烈沸老师说，宁波山里人称云实为"黄朗朗树"（音），根据他的理解，应该就是形容云实这亮黄黄的颜色。

而春云实看起来像个灰姑娘，其花瓣浅黄，花药灰褐色，花丝又是浅绿色的，再加上那一层锈色，与云实比起来，花朵整体就暗了好几度，颜值也就差了好几个层次。不过，从气势来说，二者倒也相差无几。

从花期来讲，云实盛花期在四月中旬，而春云实在五月中下旬，相差接近一个月，基本上花期不重合。

在宁波，云实是真正的春云实，花开四月中旬，而春云实或许叫作夏云实更贴切一些，它们盛花的时候，基本上是小满节气之后了。不过，广东人民一定不会同意，他们那边的春云实，也叫作乌爪簕，花期在四月，正是春深似海的季节呢。

刷山周家岙，
野花啼鸟亦欣然

⊙ 2022 / 05 / 15
⊙ 鄞州区东吴镇周家岙村
⊙ 小山

钱湖韩岭往东，至东南佛国天童寺，有山间公路相连，名曰韩天线。

车行其间，景随路换，犹如驶入一幅绝美的山水画卷。三溪浦水库西南角一带，尤为画卷之精华所在。

春天里，檫木满山，桐花似雪，是车游的最好季节。秋风乍起，金黄色的稻田，随着两边的绿色山形，无限延展铺陈，是无人机摄影爱好者们钟爱的景致。寒风凛冽，水库那一片池杉林变红了，游人纷至沓来，车满为患。

池杉林边，有一条小溪，从远处的山间逶迤而来。沿着溪边公路蜿蜒前行，开阔的田野逐渐收窄，喧闹之声渐行渐远，地势也在不知不觉中攀升，一个桃花源式的宁静小山村，赫然出现在眼前。这是周家岙自然村，东吴镇画龙村的组成部分。

村庄三面环山，沿溪而建，民居就着地形高低错落分布，干净整洁，井然有序。拐过一座水泥桥，便是一个宽大的停车场。

边上矗立着一座有点年份却依旧坚实的砖石建筑，房子正面是五楼三门的牌楼样式，正中央上方嵌有一颗散发万丈光芒的大红五角星，下有"大会堂"三个大字。观其风格，估计是20世纪六七十年代所建。现已成为周家岙文化礼堂。

这次我们"甬城花伴侣"一行七人刷山的目的地，就在这里。自文化礼堂向西，顺着一条颇为宽阔的机耕路进山，过祝家庄山塘继续往上，在一个岔路口往东，过云顶山，望见张家山水库，即下山，最后返回文化礼堂，环线10公里左右。

路线是三哥选的。他说一路上虎杖很多，可称之为"虎杖之路"。还说山莓也不少，正当季，敞开供应。不过，多年的刷山经验告诉我们，你永远不知道刷山当天会遇见什么。每次刷山的收获，总多于预期，这正是刷山最大的乐趣所在。

我们停好车，带上装备，穿过一条古朴而悠长的村巷，向山里进发。村里人不多，年轻人更少，几个老人安静地在各自屋檐下挑豆、剥笋或晒太阳，偶尔抬头微笑着看看我们这群陌生人。

人静鸟鸢自乐。村里的鸟还是很热闹的。刚从车上下来，就听到空中传来松鸦那粗糙而熟悉的叫声。循声望去，它们在溪边一棵水杉枝间跳上跳下。几只燕子在空中自由翻飞，偶尔落在电线上。

后山毛竹林中，一只红嘴蓝鹊正在大声驱赶两只进入其领地的松鸦。它们都是鸦科鸟类，声音一样刺耳，咔咔咔的叫声，响成一团。天地之间，一派活泼泼的景象。

走出村庄不远，抬头看见一只猛禽正在高远的天空中振翅高飞。忽然，它停止扇动翅膀，张开双翼在空中滑翔，不断盘旋下降，最后居

松鸦 　　　　　　　　　　　　　　　　　　赤腹鹰

然落到我们身后 50 米左右的一棵杉树顶上。

　　机会稍纵即逝，我们赶紧举起相机，远远地对着它一阵高速连拍。查"懂鸟"得知，这是一只赤腹鹰，因白色的腹部抹有一层淡淡的红褐色而得名，是和珠颈斑鸠差不多大小的一种小型猛禽，是国家二级保护动物。

　　根据大山雀老师《云中的风铃：宁波野鸟传奇》书中的描述，这是一只雌鸟，因为其虹膜是黄色的，而雄鸟则是暗红色的。赤腹鹰在宁波是夏候鸟，四月底左右来此繁殖，七八月份离开宁波。这是本人留下清晰图片记录的第一种猛禽。没想到行程刚开始，就有了这一个意外惊喜。

　　赤腹鹰只停了几十秒，一会儿就飞走了。我们继续赶路，大家一路说说笑笑，一边"扫描"路边的花草树木，惊喜不断出现。

一丛花开正好的粉团蔷薇，从沟渠上边垂下来，粉红、淡红、白里透红等不同颜色的花朵，高高低低点缀在绿色的枝条上，靠近拍照，阵阵幽香迎面扑来。

在宁波，野蔷薇、小果蔷薇和金樱子比较多见，粉团蔷薇相对少一些，这里恰恰相反。粉团蔷薇为野蔷薇的变种，以玫红色单瓣花为典型，而周家岙这边的粉团，估计属于变色粉团蔷薇，初开时粉红色，开到末期，则慢慢变淡，花瓣近乎白色了。

一群人刷山与一个人刷山相比，各有利弊。一个人的好处是自由自在，观察时间可自己掌握，容易出好照片，缺点是受习惯性思维限制，除非特别显眼的，不然发现新物种比较难，因为一个人只会看见自己想看的。而一群人，因偏好各异，关注点不同，凑在一起，收获就会加倍了。

我还在拍粉团蔷薇时，前面传来三嫂"快来，有宝贝"的呼唤声。"有宝贝"，是我们刷山时遇见"新、奇、美"物种的口头禅，有时候也是催促掉队伙伴加快脚步的有效方法。

于是赶紧往前走。花精林夫妇站在不远处的路边，正聚精会神地拍一棵大树上的小红花。走近细看，此花坛状，只有黄豆般大小，先端裂成四瓣，反卷，犹如烈焰红唇，而且唇上还有小茸毛，非常精致奇特。花精林的先生花姐夫首先注意到地上的落花，于是发现了这棵花树。

这是红花野柿，是李根有、陈征海、李修鹏等老师 2018 年联合发表的一个野柿新变种，模式标本采于宁海茶山，是他们宁波植物资

粉团蔷薇

红花野柿

源调查的一个新成果，也是我个人的新种。这条路上陆续看到好几株。我们相约秋天再来，届时尝尝红花野柿的味道。

来到三哥三嫂发现"宝贝"的地方，原来是一棵野樱桃熟了！红宝石般的小樱桃果在绿叶的映衬下，散发出诱人的光泽，摘一颗扔进嘴里，酸甜可口，味道不错。于是大家纷纷攀枝钩条，就着果树大快朵颐，抢了小鸟不少口粮。

一路上，可以尝鲜的植物不少，虎杖嫩茎、蔓胡颓子都不错，当然，最好吃的当属山莓。

自西向东那一段山路两边，全都是密密的山莓灌丛，延绵一两公里。枝间缀满了颗粒饱满、鲜红欲滴的山莓，让人食欲大开。伙伴们兴奋不已，专挑又大又红的往嘴里塞，并用随身携带的矿泉水瓶、水果盒子装上一些，带回去和家人分享大自然的喜悦。

这条环线宽阔平坦，物种比较丰富。正在花期的植物，还有蝴蝶戏珠花、络石、中华猕猴桃、白檀、大蓟、青皮木、伞花石楠等，后两种也是我的个人新种。其中颜值最高的，当属安息香科赤杨叶属的赤杨叶。

安息香科以多仙女级植物而闻名于世，如秤锤树、陀螺果，即为最著名者。赤杨叶原来叫拟赤杨，后来与赤杨叶合并，为高大乔木，最高可以长到 20 米，因树冠太高，花虽美丽，但常在人的视线之外，故平时不为人所注意。

我最早见到赤杨叶，是 2018 年在溪口的岩坑村，当时从一棵高大的赤杨叶树下走过，看到满地洁白的落花，抬头在密密的树林里找

野樱桃

山莓

蝴蝶戏珠花

中华猕猴桃

大蓟

青皮木

伞花石楠

赤杨叶

了半天，才看清楚是哪一棵树开的花。此处赤杨叶，也是大家看到地上落花时才发现的。这里以三米左右的小乔木为多，故可以轻松拍到花枝。

赤杨叶含苞之时，有点像齿叶溲疏，洁白的花苞之上有一道道红晕，好似美人醉酒晕生脸。当其绽放之时，伞形张开的花瓣，又像仙女的小短裙。含苞与绽放，均极美。十几朵簇拥在一起的小花，构成一个总状花序，把一棵棵赤杨叶树打扮成五月山间最美且最神秘的花树之一。

文化礼堂至祝家庄山塘这段路，在半山腰上，下面是深深的沟谷。一路行来，但闻巨大的水声隔着苍翠的树林远远传过来。不禁猜想溪沟边上是否有路可行，水汽充沛的地方，一定是生物物种最丰富的地方，有机会一定要去探探看。

高高低低的树冠之间，不时传来婉转悠扬或清脆悦耳的鸟啼声，只是森林太过繁密，根本看不见歌唱的小鸟们，不知它们在哪儿，也不知道它们都是谁。在山塘堤坝附近歇脚的时候，我举起望远镜，顺着鸟鸣的方向，在青山绿水间细细搜寻，最后只看到两只短脚鹎属的小鸟。

一只是黑短脚鹎，正在一棵尚未长叶子的高高树顶上纵情歌唱，其白头黑身红嘴的独特外形，在万山葱茏之中如此显眼。黑短脚鹎在宁波城市山野均比较常见，只是警惕性比较高，而且喜欢站在树冠顶部，想近距离观察它们并不容易。

在我办公室窗外 50 米开外的院子中央，有一棵很大的重阳木，经

黑短脚鹎　　　　　　　　　　　　栗背短脚鹎

常听到一只黑短脚鹎在树上发出如婴儿或猫一样的独特叫声，当然它们也有欢快的叫声，声音最起码有三种，鸣声之丰富令人惊叹！在隔壁大楼西南角，我还记录到它吃八角金盘果实的几个镜头，实属难得。

　　当大家在山莓之路上饱餐野果时，一只背部栗色、发型酷酷的小鸟，正落在离我十几米远的一棵树上。我示意大家安静，举起望远镜一看，是一只栗背短脚鹎。

　　三月时，我曾几次在单位大门口的梧桐树上，见过一对栗背短脚鹎夫妇。每次看到时，它们都在奋力地撕扯梧桐树皮，估计是在收集筑巢的材料。

　　这只鸟不是特别怕人，注意到我们在拍它，也没有马上飞走，还摆出各种 Pose 让我们拍个够。这次不但拍到了照片，还留下了一段清晰的小视频，这位老朋友可真给力。

当我们来到祝家庄山塘正上方山顶的时候，已站在延绵起伏的万山高处了，心中顿时生出沧海一粟的渺小感。于是停下脚步，欣赏四周壮美山色。

福泉山像一面无比巨大的翠屏，高高横亘在西边。往北望过去，我们曾歇过脚的山塘堤坝之上，有不少人正一字排开在休憩，人小如豆。更远处，可以看到山间散落的村庄，甚至三溪浦水库。

继续向东走了没多久，远远看到张家山水库，知道下山之路不远了。我们就在路边找了一个开阔平整的地方，开始野餐。没有筷子，剪了几段石楠小树枝聊以充之，倒也顺手可用。

餐毕，整理好行装，包轻了，卡满了，电没了，我们也该下山了。

依稀少年滋味

⊙ 2021 / 05 / 09

⊙ 鄞州瞻岐镇方桥村狭石岭古道

⊙ 窗前

从未遇见过这么多山莓和蓬藟，也从未吃过这么多山莓和蓬藟。

5月9日母亲节，恰逢周日。我们一行六人去鄞州瞻岐镇狭石岭古道看花，目标种是木油桐和毛叶铁线莲。

初夏的山野，树林渐密，山花趋少，满眼的绿意浓得似乎要滴下来。随着气温攀升，蛇、蚂蟥和蜱虫等开始出没，花友们减少了翻山越岭的刷山活动，即便走大路，也是扎紧裤腿，严防死守。

行至山中，方知木油桐尚未开花，毛叶铁线莲刚刚绽放。一路上，油桐已结子，络石、赛山梅、湖北山楂正盛花登场，苦楝树笼罩着一团团淡淡的紫雾。我们还邂逅了荚蒾、毛茛、南丹参、金银花、蒲儿根等。

每遇一朵花开，都是一次与大自然对话的惊喜。然而，当天最令我们惊喜的，是山莓和蓬藟！

走出古道隘口，沿左边宽阔的山路前行，眼尖的三哥发现了第一丛披拂在峭壁边的山莓。我们围过去，仰头见枝条上垂着不少红红的

络石　　　　　　　　　　　南丹参

山莓

蓬蘽(三哥/摄)

蓬蘽(三哥/摄)

果实,不由得望"莓"生津!大家自觉"保护现场",待拍好照片,才钩下枝条摘一颗尝鲜。嗯,果肉细腻,甜丝丝的!

信步走着,前面的花友又招呼起来,原来地上发现了一片蓬蘽。于是,其他人又赶过去。与山莓相比,蓬蘽的果实更圆,中空,而且朝上举着,轻轻一碰就容易掉,吃起来有颗粒感,口味同样新鲜甜爽。

之后我们才发现,这条长长的山路两边,竟然随处可见山莓和蓬蘽。我们还邂逅了一丛红腺悬钩子,它们的枝上密集着红色腺毛。

一时间,我们仿佛来到了"美食一条街",如孩童般左顾右盼,惊叹连连,每走几步,就忍不住停下来拍照,再挑一些又大又新鲜的果实,一饱口福。这清新的甜,正是少年滋味。

小时候,我们曾无数次用方言呼唤过它们如昵称般的小名,欢脱地吃过它们的果实。而现在,每每重逢,关于它们的往事,总会如幻

红腺悬钩子

灯片般切入现实中。

中午时分，我们打道回府。今日母亲节，大家笑着道别：各回各家，各陪各妈。

回家路上，给婆婆遥送祝福，得知小姑回娘家了，家里正热闹呢。婆婆听说我们吃了山莓和蓬蘽，忙叮嘱要注意安全，说村里曾有人吃了山莓和蓬蘽之后，舌头肿得连嘴巴都张不开，又说今年家里油菜长得好，她和公公要给我们预留一些菜籽油。

踏进家门，我又告诉妈妈，今天偶遇了很多山莓和蓬蘽，可惜没有带果盒，不能采回家。给妈妈看视频和照片，于是自然而然地聊起往日旧事。

虽然我们也已是资深父母，然而这个母亲节，因为山莓和蓬蘽，因为两位母亲，我们依稀还是那个青葱少年。

闲来携侣，
对一朵花、一溪云

⊙ 2022 / 05 / 08

⊙ 宁海县深甽镇

⊙ 窗前

因为疫情，今年春日最匆匆，转眼一去无迹。

5月8日，难得的一天假期。应莲心夫妻之邀，"甬城花伴侣"的花友们赴宁海刷山，并去参观他们老家的新居。

说起"甬城花伴侣"，颇有些渊源。话说"拈花惹草部落"的宁波花友小山、三哥、秋麟、莲心、花精林等，深感"独乐乐，不如众乐乐"，业余时间致力于发现草木之美、传达乡土之爱。后又觉"欲众乐乐，先家乐乐"。于是，在经过数年潜移默化的熏陶后，成功地先把各自的配偶发展成了"贴身花友"。

2020年4月30日，三哥设立"甬城夫妻刷山团"，后更名"甬城花伴侣"。每个"贴身花友"入群，团长三哥都先送个昵称：他的夫人自然是三嫂，莲心的丈夫叫莲蓬，花精林的丈夫称花姐夫。最别致的，当属秋麟的丈夫贺哥，昵称"秋麟的小凳子"。

贺哥去刷山时，总要带个小凳子。每当秋麟陶醉于欣赏、拍摄花草时，他就在附近寻一佳处，坐着喝茶、看风景。某次聊年龄，秋麟说

她属牛贺哥属狗，出门散步时，一个说"遛狗"，一个说"放牛"。大家哄堂大笑，他们的刷山场景，分明就是"放牛图"！

"甬城花伴侣"的发展壮大，也带动了更多家人和朋友走进大自然，并从身边的花草树木中获得美的享受。2021年五一假期，花友们组团去宁海摩柱峰赏云锦杜鹃；同年国庆，登顶四明山的三座高峰：青虎湾岗、金钟山、覆卮山。

本次宁海之行，大家期待已久。8点钟，我们一车四人抵达目的地，莲心夫妻、宁海黑哥随后赶到。秋麟夫妻、花精林夫妻正站在一棵高大粗壮的樟树下，仰着头，举着相机或望远镜张望。原来，兰科植物纤叶钗子股开花啦！

这是我第一次听说纤叶钗子股。"钗"是古代女子的首饰，有两

纤叶钗子股

股。《长恨歌》中，太真"钿合金钗寄将去""钗留一股合一扇"，"合"通"盒"，太真将另一股金钗、另一扇钿盒寄给玄宗以表相思。《红楼梦》里，宝钗嫁给了宝玉，却是"金簪雪里埋"，从两股的钗到一股的簪，是否也暗示着她形单影只的结局？

这纤叶钗子股，该是怎样的风姿？经花友们指引，我依稀看见高高的树干上有几丛。小山举着相机屏住呼吸，拍得几张。我凑过去看，它们长在苔藓里，叶圆柱形，疏生而斜立，黄绿色的花瓣点缀其间，说不尽的雍容典雅。

《宁波植物研究》介绍，1877年5月13日，英国植物学家韩威礼首次在宁波采集到纤叶钗子股标本，1896年将其作为新种发表，宁波由此成为该物种的模式产地。

我们一行11人沿着一条溪边的山路行进。这里群山高耸、密林

毛黄栌

幽深，溪水时而隐藏在丛林里，时而游戏在乱石中，时而宽阔且清浅。空山无人，水流花开。溪畔红艳艳的杜鹃，因为有水的载歌载舞，显得特别灵秀动人。

　　山中五月，漫山碧翠。人行其中，被各种绿意遮蔽着、簇拥着，令人想起王维的"山路元无雨，空翠湿人衣"。朱熹有词"携壶结客何处？空翠渺烟霏"，带着酒壶和朋友们去往哪里呢？当然是苍翠清寂、烟雾氤氲之处。暗想，我们正行走在这句词里吧。

　　大家边走边看路旁的植物。这里物种十分丰富，不同季节、不同时间和不同花友来，每次都会有很多惊喜。当天，除了常见的络石、赛山梅、软条七、白及、山姜等，我们又新认识了不少花。

　　毛黄栌的叶子阔椭圆形，据说是香山红叶的主力军。然而，这个季节令我们印象最深的，是它那不孕花花梗上的紫红色羽状长毛，似

贵州娃儿藤　　　　　　　　　　尖叶唐松草

花非花，如烟似雾。

　　路边垂挂着几根藤蔓，正开着五角星似的精致小紫花，花友们以为是紫花络石。黑哥探过头一看，说：这是贵州娃儿藤。这可是集体"加新"（注：花友们对认识新种的专称）！

　　一路上，我们还看到那么多尖叶唐松草，像烟花一样绽放。山蒟的黄色柔荑花序，一条条点缀在绿叶之间，很是鲜明。黄精叶钩吻，俗名金刚大，它的花却极小。溪边的石菖蒲，果实碧绿色，样子像加长版的绿桑葚。崖壁上的广东石豆兰，假鳞茎如绿豆，小白花纤细精巧。

　　黄昏时分，大家来到莲心夫妻的老家。这幢三层别墅，前面是宽大的院落，种着不少花草，还有带柴火灶的厨房，屋后是高大的樟树林、散落在田野的屋舍和连绵的远山。他们周末从市区回家，陪伴老人，享受归园田居的闲适。

广东石豆兰

石菖蒲

我们在欢声笑语中吃完晚饭,趁着夜色返回市区。苏轼《行香子·述怀》云:

"且陶陶、乐尽天真。几时归去,作个闲人。对一张琴,一壶酒,一溪云。"

想来,浮生此日,正合此境:闲来携侣,对一朵花、一溪云。

细雨斜风访百合

◎ 2022 / 05 / 28

◎ 宁海天姥峰县黄坛镇杨染村

◎ 小山

刷山虽乐，却也暗藏风险。譬如雨天，路滑易摔。年初一次雨中刷山的小意外，让我左手手腕骨折，三个多月倍尝不便，至今尚未痊愈。从此对雨中刷山，心存戒备。

听闻浙东大峡谷的野百合正值花期，心向往之。但天气预报却显示周末皆雨。周五晚又细看了一下逐小时预报，发现周六早八点至下午两点是阴，之后有雨，心下大喜。

5月28日六点半，我和窗前、三哥早早出发，希望抓住无雨的那段空档。一路上，小雨淅沥，越接近宁海，雨反而大起来了。和黑哥会合于宁海世贸中心，已八点了，雨依然如故。想着离浙东大峡谷还有一小时车程，也许到目的地雨就停了，还是往山里开去。

雨净山容，清新秀丽，云雾缭绕，疑非人间。我们四人一车，行驶在黄坛镇的崇山峻岭之间，一边赏景，一边祈祷雨住云收。

过中央山村，折向宁波香榧第一村黄坛镇杨染村。一直来到白溪水库上游的天姥峰景区入口处，雨停的愿望依然没有实现。无奈，既

天姥峰绝壁

来之，则安之。

用塑料袋套好相机，穿好雨衣，再打一把伞，开始寻花之旅。好在这条步道似乎维修过，比去年好走一些，心稍定。我们放慢步伐，互相提醒注意脚下安全。

此处之天姥峰，并非李白梦游吟别之天姥山，也许恰好同名而已。朱东润先生认为，"诗仙"所赞之天姥山，在新昌县东、天台县西北，和天台山相对，与这里距离甚远。但此处山峰，同样壁立千尺，势欲插天，颇有"对此欲倒东南倾"之雄奇。

下行十几分钟，有亭翼然于山脊之上，我们入亭观景，遥望对面拔地而起的大绝壁。其间有瀑如丝，蜿蜒曲折而下，有松如盖，旁逸斜出而立。

峭壁上，树少草多，似有点点白花散生于披拂飘摇的野草之间。黑哥猜测，花贴着崖壁，莫不是某种苦苣苔？

我凝神遥望那些岩中花草，心中一动，这么远都能看到的花，难道是野百合？于是将黑卡相机焦段拉至600毫米极限，终于看清楚了。

斜风细雨之中，一朵朵喇叭状的大花绽放在枝头，花外带紫，花内乳白，微微翻卷，正是我们要找的野百合！没想到，这么快就看到目标种了。

在宁波，百合属植物不多，药百合、卷丹、野百合及其变种百合，四种而已。加上《浙江植物志》主编李根有教授新近发表的野百合另一变种黄花百合，一共才五种，与大西南动辄数十种没法比。

卷丹和药百合，我比较熟悉。2021年7月18日，和黑哥、三哥、钱塘一起来此处看卷丹。因天气太热，人生第一次中暑。个中滋味，终生难忘。每年八月中旬，都要去榧坑村的竹林中，探访药百合。而分布最广泛的野百合，尚未在宁波见过，故一直念兹在兹。

这次终于亲眼见到了宁波的野百合。但没料到它们居然绽放在如此艰苦贫瘠之地，其生命力之顽强，着实令人惊叹！由此也理解了它何以有一个"倒挂山芝麻"的俗名，当其花落果生，枝头那矩圆形带竖棱的蒴果，可不就像山崖之上长出的野芝麻吗？

此一生境，与我 2013 年 4 月 12 日在台湾太鲁阁公园看到的野百合，大相径庭。那里的野百合，静静绽放在半山缓坡之间。大概是纬度低的关系，其花期也早了一个多月。

因为距离太远，没法获得清晰图片。不过我也不担心，崖壁之上有这么多野百合，它们种子成熟之时飘飘洒洒，经年累月，大概早就在附近区域形成较大种群了，接下来近距离观赏，应该问题不大。

我们继续沿着几乎垂直的步道下行，前往大松溪，亦即浙东大峡谷主景区。很早以前，游客可在白溪水库大坝坐游艇，渡过宽阔碧绿的水面，至码头上岸，顺着溪边步道一直前行，即可到达天姥峰景区。徒步进峡谷的路并不多，我们走的这条路，为主通道之一，和前述路线方向正好相反。

雨一直下。我们穿行在遮天蔽日的密林之中，踏枯叶，走石阶，小心翼翼经过湿滑的木栈道。不时有枯树横于路上，老藤悬在空中。大大小小的沟谷中，此时都流淌着一条条激流，到处水声轰鸣，有些道路被溪水漫过，好几次得脱鞋涉水或从旁边绕道才能通过。

绝壁上的野百合

野百合

　　行至半山腰，来到绝壁之下。抬头仰望，忽见四五米高的一处地方，有两棵野百合清雅秀气，花开正好。人虽不能攀爬上去，相机却足以拍到清晰图片。有窗前打伞，我得以拍下多个角度的生态图片，心下欢喜。

　　再穿过一片毛竹林，终于来到奔腾喧嚣的大松溪边上，时间已至十一点半。我们在溪边亭内休息午餐。在等候自热米饭煮熟的间隙，忽见前方不远处两三米高的崖壁之上，有两个黄绿之中带点紫色的野百合花苞。

　　走过去一看，不由大喜。刚才一路上只看到一朵两朵野百合，这里居然有一片小种群。我数了数，一共有十株，多为一株一花，七朵正当好年华，一朵已开败，两朵尚含苞。此处崖壁不高，有小树可攀，三哥身手敏捷，三下两下就到了花下，深嗅、细赏，也算代表我们一亲芳泽了。

饭后，雨还没有停。我们顺着大松溪往下游行走。两岸山势高耸，峰峦奇秀，中间大溪雄阔，洪流奔涌，声震于天。各种形状的巨石，如布奇阵，岿然不动于溪中。此处景色壮美，山水奇绝，简直就是长江三峡的具体而微。

溪对面的崖壁之上，时有三五株野百合，在急湍飞瀑和连日雨水带来的氤氲水汽中摇曳生姿，迎风起舞。

在一处挂着小瀑布的绝壁之上，成片开着浙东长蒴苣苔和紫花的尖叶唐松草，几十株野百合散生于其间，还有三五棵居然开着黄色花，不知是因花期先后而颜色不同，还是另外一种。它们共同组成了一处色彩迷人、物种丰富的天然花境。我们隔着宽阔的激流，细赏良久方离开。

一路行来，野百合算是看得十分过瘾了。此行还遇见不少有趣植物，如红果的青皮木、白花的黑鳗藤等等。印象最深的还有三种：小花鸢尾、腋毛泡花树和杨桐。

走出那段郁闭的森林，在接近大松溪的林中溪边，发现一株小花鸢尾还在开花。这也是我念叨多年，终于在花期遇见的一种野生鸢尾属植物。

就在我们用餐的亭子边上，有一棵小白花繁密盛放的乔木，远看有点像女贞，细看小花中间，雌雄蕊被一个小泡泡包住，不知何物。

拍好花叶图，发给专家请教。李根有教授回复："恭喜你，发现了一个宁波新记录。这是腋毛泡花树。其与红枝柴的不同，在于叶片较厚，坚纸质，小叶背面粉白色。"新记录居然就这么在路边偶遇了，真

小花鸢尾

腋毛泡花树

红淡比

是意外惊喜。

溪边林木之间，也有一棵开稀疏小白花的小乔木，叶全缘革质，秀气精致，花单朵腋生，花梗纤细，颇有安息香科气质。这是五列木科红淡比属植物红淡比，又名杨桐，为日本人传统供神祭祖必用之物。他们把杨桐枝条捆扎成束插放在庭堂上方供神，宁波已大量开发并出口换汇。

我们一路走一路看，雨时小时大，一直没有停过，不少溪边道上，水流漫溢。担心雨下太久，道路可能被阻断，两点半左右返程。等安全回到停车场时，已经四点了。

2018 年，因水源保护需要，浙东大峡谷景区关闭。因而此处近年少有人行，这对于物种繁衍来说，倒是一件好事。李根有、李修鹏等老师 2017 年出版的《宁波珍稀植物》记载，此处珍稀植物多达35 种。

天姥峰入口，距离宁波市区约两个小时车程。虽路远山深，耗时费力，但景美花多，值得一游再游。

毛叶铁线莲，
一个改变世界产业的
宁波物种

⊙ 2022 / 06 / 05

⊙ 鄞州区五乡镇太白山

⊙ 小山

如果用八个字形容铁线莲，"藤似铁线、花开如莲"，是极精当的。

但此一描述，以大花型铁线莲为典型，于单叶铁线莲等铃铛型、女萎等小花型铁线莲并不适合。故能当得起"藤本皇后"之美誉的，必须是花朵硕大、花色丰富、花量巨大的大花型铁线莲。

全世界 300 多种原种铁线莲之中，我国有 161 种之多，为铁线莲种质资源第一大国。不少原种在世界铁线莲杂交育种史上起着至关重要的作用。其中，"藤本皇后"大花型铁线莲的主要亲本之一，就是浙江特产、宁波主产的毛叶铁线莲。

一定程度上可以说，没有毛叶铁线莲，就没有世界铁线莲产业的繁荣昌盛，说"毛铁"（毛叶铁线莲简称，下同）是"皇后中的皇后"，并不为过。有人会问，长在宁波深山之中的毛叶铁线莲，怎么就成为西方铁线莲育种史上的重要亲本呢？

毛叶铁线莲

这其中，史上最大经济间谍案当事人、几乎以一己之力打败中国茶产业的"茶叶大盗"罗伯特·福琼（Robert Fortune，1812—1880），发挥了关键作用。1843 年至 1862 年这 19 年间，他先后四次来到中国，一半为盗取茶苗茶种，一半为猎取植物种质资源。

1842 年中英《南京条约》签订之后，他便受英国皇家园艺学会派遣，成为第一批深入五个通商口岸考察并采集植物的外国人。1843 年 7 月，他从香港北上，经厦门到舟山，比英国领事还先一步到达宁波。

晚清宁波，经济发达、市民和善、物种丰富，福琼的游记《两访中国茶乡》一书，有四五个章节生动描述了宁波的风土人情、山川地理及动植物分布，是了解清代宁波的重要参考资料。

他对宁波印象很好，宁波也成为他前后多次来中国从事采集的重要基地。他逛遍了宁波城的大小花园和苗圃，收集中国传统园艺植物，并以天童寺为中心，采集适合英国气候的野生植物。

他先后为英国送去大花白木香、绣球荚蒾、中华猕猴桃、芫花、单花菝、化香、云锦杜鹃、白鹃梅等许多出自宁波的观赏或经济植物。宁波也因为福琼，成为 17 种植物的模式标本产地，本文主角毛叶铁线莲亦为其中之一。

1850 年夏天，消息从加尔各答传到上海：他冒着生命危险，从松萝山、武夷山、宁波等中国一流产茶区盗采的大量茶树种子和幼苗，已安全抵达喜马拉雅山南麓，并且生长良好。他悬着的一颗心，终于放下了。这意味着他受英属东印度公司派遣第二次到中国的使命，已完成了一半。

他的另一半使命，是从这些产茶区再招募一些茶农和制茶工人，并带到印度。此事因有颠地洋行比尔等人提供帮助，进展顺利。故此时的他，心情十分放松。为接收另一批茶种茶苗，顺便为英国皇家园艺学会再采集一些美丽植物，他又一次从上海来到宁波。

坐落于宁波城东太白山南麓的晋代古刹天童寺，是他每次来宁波必到的地方。每次来天童，他都会住上一些日子。和尚们对他很友善，食宿保障很好，周围风光秀丽，物种极其丰富。

据张政新等专家1982年4至5月的一次踏查统计，天童景区有维管束植物126科612种。清代此地生态更好，物种数量还要多，是非常理想的植物猎取地。白天，福琼就在附近的群山调查、采集，晚上就在寺里整理标本，写采集日记。

这年夏天，他最大的收获，就是采集到了开花的毛叶铁线莲。英国人的植物审美，比较偏爱大花植物，而毛铁花朵直径最大可达到20厘米，比一张成人的脸还大。首次看到花形如此巨大、色彩如此迷人的铁线莲，福琼赞叹不已，采集了不少幼苗，通过小型温室"沃德箱"，带回了英国。

福琼在中国采集的植物，多交给其好友——英国著名植物学家、伦敦大学学院教授约翰·林德利（John Lindley，1799—1865）研究并发表。1853年，林德利根据该物种叶背面"被紧贴的淡灰色厚绵毛"之特点，发表了新种"*Clematis lanuginosa Lindl.*"，其中种加词"*lanuginosa*"就是"覆盖茸毛"的意思，翻译成中文名就

叶背面被紧贴的淡灰色厚绵毛

一般单叶对生,也有三出复叶对生

是毛叶铁线莲。

1858 年，英国园艺师 George Jackman 将毛叶铁线莲和南欧铁线莲进行杂交，获得"杰克曼"品种。该品种花大色艳，健康又耐寒，甫一问世，迅即风靡全欧，几乎成为大花铁线莲的代名词。1863 年，该品种获英国皇家园艺学会一等奖，被称为有史以来最杰出的杂交铁线莲之一。此后，世界各地园艺师以"杰克曼"为基础，选育出了许多出色的大花杂交品种，直接推动了铁线莲产业的兴旺发达。

从这个意义上来讲，福琼的这一采集，对于铁线莲产业发展的促进作用，不亚于他对世界茶产业格局所产生的影响，也是一次改变世界的行为，只不过改变的产业相对来说小一些。

172 年过去了，毛叶铁线莲在宁波山里还能找到吗？答案是肯定的。不但有，而且很多。据 2022 年 1 月出版的《宁波植物图鉴》第 2 卷介绍，除江北之外，其他九个县（市、区）都有毛叶铁线莲分布。但在浙江省内，除宁波外，只有临安、普陀、天台等少数几个地方有零星分布，宁波依旧是该物种的世界分布中心。

我与毛叶铁线莲的相遇，比较晚近。2020 年 5 月 17 日晚，三哥说他在鄞州瞻岐山里遇见了开花的毛叶铁线莲，我听闻非常兴奋。次日早晨四点半，就和三哥驱车前往目的地。在山里一条新修公路边，见到了那株爬在灌丛之上的毛叶铁线莲。一路查看，有二三十株间断分布在坡间林下，让我一次赏个够。

因当时相机忘插存储卡，到了周六，我和窗前、三哥重回故地补拍图片。想着大路边的毛叶铁线莲好找，于是选择了另一条没走过的山谷开展调查。开始的时候，的确找到一些花朵硕大、花开正好的毛叶铁线莲。其中有一朵已经开淡的花，居然比我的脸还大。

顺坡往上走，发现此地常年少有人行，道路基本被荆棘及台风期间吹倒的林木阻断了。我们在林中摸索许久，都没有找到通往山脊线的路。后来，在一对挖黄精的夫妇指点下，终于来到一条几乎被箬竹、野竹、山莓等植物覆盖的山间小路上。我们用登山杖拨开植物，如同分开水路一样，在小路上艰难穿行。

更可怕的是，此地阴湿，山蚂蟥成群，我们竟在不经意间闯入了近年来刷山所遇到的最恐怖的"蚂蟥阵"。一路上，每行走五分钟左右，我们就得停下来清理一次山蚂蟥。窗前吓得尖叫连连，我先帮她把鞋子上的山蚂蟥捉下来，然后捉自己鞋子上的，真是手忙脚乱！

路上即使看到漂亮的毛叶铁线莲，也不敢停留太久，只胡乱抓拍几张便走。我们希望以最快速度行走，让山蚂蟥来不及上鞋。在一丛开了 11 朵花的毛叶铁线莲旁，我们实在无法抗拒那动人心魄的美，大着胆子停下来拍了一些图片和视频。

才五分钟左右的工夫，又在鞋子上揪下来七八条山蚂蟥。这段走了约两个小时的山蚂蟥之路，三个人捉下来最起码两百条山蚂蟥。不过，最终结果还好，我和三哥各被叮破了两处，窗前虽然受了惊吓，因为捕捉及时，倒也全身而退。

2022 年端午节假期最后一天，又值毛叶铁线莲花期，我和窗前冒雨前往天童寺北麓的太白山，重走罗伯特·福琼之路，寻找模式产地最正宗的毛叶铁线莲。山路盘旋而上，我一路上念叨，不知太白山

上是否还有毛叶铁线莲。

上山之路很狭窄，当我把车停在山顶附近一个港湾式停车位后，随意往山上一瞥，立马就看到绿树之间那一抹最动人的蓝紫色。崖壁太高上不去，我只能跑过去用长焦先拍两张。忽然听到窗前在车旁说，这里就有铁线莲。好巧，原来我们停车的栏杆之下，居然就有两朵状态良好的毛叶铁线莲，特别方便拍照，真是心想事成。

我打着伞，沿着公路，边走边查看山坡林间，特别值得欣慰的是，这里毛叶铁线莲依然很多，几乎每走二三十米，就能看到几朵高高爬在枝间树头的毛叶铁线莲。顺着沟谷边一条小路，我们来到一处有花的林间，发现这一小块地方，居然就有五处毛叶铁线莲，有单朵，有丛开，虽然姿态各异，颜色有深有浅，但大多花开正好，风采迷人。

"拈花惹草部落"宁波分舵的一位花友说："看到'毛铁'的时候，

似乎总在下雨，有'毛铁'的地方，总有山蚂蟥。"对此我深以为然。在这里，我拍到了灵秀晶莹的雨中毛叶铁线莲，同时也用园艺剪给四只爬到我鞋子上的山蚂蟥处以极刑。

忽然想到，当年罗伯特·福琼在他的《两访中国茶乡》里，对山蚂蟥只字未提，难道他当年在这里采集的时候，没有遇到过山蚂蟥吗？

虽然我国铁线莲种质资源极为丰富，但在铁线莲国际协会发布的3000多个品种里，几乎没有我国培育的品种，尤其是市面上一些热门品种，均为英国、美国、瑞典、日本等国家培育的杂交新品，不得不说，这是我国园艺界一大遗憾。

期待我们中国的苗圃公司、科研部门能借助宁波分布广泛、数量众多的毛叶铁线莲资源，培育出更多更好有我们自主知识产权的"藤本皇后"来。

且行且乐亭下湖

◎ 2022 / 06 / 12

◎ 奉化区溪口镇龙花岭

◎ 小山

　　四明西南的亭下湖及周边，青山碧水，层峦绝壁，深溪广谷，地形多样，是一个亲近自然的好地方。

　　阳春三月，站在四明大桥上，可观樱花满山，树树皆雪。秋末冬初，穿过呑底村，来到湖边滩地，能赏池杉换季时的秋叶如火，运气好的年份，还能看到蓼子草花海。隆冬腊月，千丈岩脚的冰瀑奇观令人震撼惊叹。春末夏初，栖霞坑的水流花开令人留连忘返。这里有看不完的风景，赏不完的花。

　　周日上午，微风，偶有细雨，天气不错。当我们决定带年逾八旬的岳母去山间透透气时，我马上想到奉化溪口镇亭下湖附近那条可以随时停车观花赏景的车游路线。

　　自溪口西下高速，沿剡溪北行七八分钟，左拐上坡，即可进入山水画卷般的亭下湖区域。湖水尽处，有董村大桥。过桥左拐，自呑底村顺着山间公路盘旋而上。右拐两次，就来到我们的目标路段，龙花岭通往油竹坪村的龙油线。

此路位于峡谷南面大山的山肩之上，地势颇高，视野开阔，湖山尽收眼底，颇有"一览众山小"之感。我们在路边寻一处开阔地，停车寻花观景。

往东回瞰，亭下湖如天降碧玉，落于淡烟疏雨的青山之间。北面仰观，雪窦山连天向天横，中有飞瀑如练，挂于悬崖峭壁之间，这是徐凫溅雪。峡谷之中，村落俨然，偶有车如甲虫，在蜿蜒曲折的山路上飞驰前进。

窗前说，如果能够在此处撑一把太阳伞，摆上一套简易桌椅，泡上一壶茶，对着云雾缭绕的雪窦山、烟雨迷蒙的亭下湖，喝茶、吹风、聊天、看景，或者什么都不做，就发发呆，该有多美！

门外无人问落花，绿阴冉冉遍天涯。初夏山间，雨水充沛，阳光热烈，万物蓬勃生长。

路左坡上，是红枫、樱花等各种苗木。路右山谷里，两种霸道藤本最多见，一为常春油麻藤，一为葛藤。它们见缝插针，四处蔓延，有地铺地，有树爬树，到处被它们封得严严实实。不经意间，还会弄出一个有趣的造型。坡间一棵枫香树，硬生生被它打扮成了"童子拜观音"的模样。

此时山间，绿色为主色调，开花植物不多，结果植物倒是不少。除博落回、五节芒外，印象比较深的有那么三五种。

第一种注意到的花，是密刺硕苞蔷薇，野蔷薇中开花最晚者，吞底村附近的道路两边，分布最为集中。此为硕苞蔷薇之变种，和原种最大的区别，是其小枝、叶轴、叶柄、花梗均密被针刺和腺毛。其花则

童子拜观音模样的枫香树

密刺硕苞蔷薇

密刺硕苞蔷薇

无区别，花冠硕大洁白，花蕊色泽金黄，黄白搭配有如煎荷包蛋，让人看了很有食欲。

一路之上，见到好景好花就停车欣赏。路边陡峭崖壁之上的一处天然花境，让我又一次忍不住靠边停车。

一块红色砂砾岩上，覆盖着一大片深深浅浅的绿，不少暗紫色花序，错落有致点缀其间，几根长着暗褐色幼叶的藤条，从绿的重围中调皮地跳出来，把一大块坚硬的岩石打扮得生动而精彩，让人回味无穷。这开花的藤本，便是香花崖豆藤。

精研豆科植物的"豆神"蒋凯文告诉我，它和网络崖豆藤之间的主要区别，在于小叶数量。香花崖豆藤是稳定的五小叶，而网络崖豆藤小叶在五至九之间，且以七小叶为常见，故数小叶即可便捷区别二者。高手就是高手，一下子把我好几年的迷惑解决了。

车子慢悠悠地行驶在山路之上，副驾驶座上的窗前忽然说："山谷里有一种开红花的树，很像凤凰木。"

"宁波山野怎么会有凤凰木？这种生长在闽粤之地的美丽树种来到四明山了？"我很疑惑，马上停车观察。

果然，山谷之间长着一小片大树，远远高出众木之表，其中两三棵树的绿叶间，点缀着簇簇红色，不知是花还是果。它们野火烧空般的颜色，在千山一碧之中，特别吸人眼球。我拿出望远镜细细一看，那红色居然是臭椿的翅果。

臭椿是一种落叶乔木，广布于我国大江南北，其翅果一般是绿色，成熟之后为黄褐色。翅果长成红色，倒也是第一次见到。估计是

香花崖豆藤

香花崖豆藤

臭椿

臭椿

插田泡　　　　　　　　　　　　　　　　插田泡

一种个体变异，如果红果性状持续时间能有十天半月，倒是一种颇有
开发前景的乡土物种。如果我们街头种上很多这样的红果臭椿，华东
人民就可假装街头也有凤凰木了。

臭椿名字虽不雅，却是一种颇有文化内涵的树。庄子在《逍遥
游》篇末所说的"樗"（chū），即臭椿。惠子以此树"大本拥肿而不中
绳墨，其小枝卷曲而不中规矩，立之涂，匠人不顾"来反驳庄子，说其
言"大而无用"。而庄子接过话头，说樗树"不夭斤斧，物无害者，无
所可用，安所困苦哉"，无用正是大用，那是真正逍遥自在的境界。

在不同地方的山间行走，常会有他乡遇故知的感觉。在一个拐弯
的缓坡处，一种悬钩子牵藤引蔓长势喜人，红宝石般的果实还挂在枝
间。芒种已过，最好吃的蓬蘽、山莓和掌叶覆盆子等常见悬钩子，早
就果去枝空，这是一个啥物种呢？

细细观察它们的枝叶，枝条粗壮，红褐色，被白粉，这不正是插田泡的典型特征吗？上一次遇见插田泡，还是在 2016 年春天的鄞州东道岭。那时候它们无花无果，只记得枝上这一层厚厚的霜粉。没想到，时隔 6 年才见到它们的果实，要观察一个物种的完整生命史，真是不容易。

　　我摘下几颗放进嘴里，坚硬，籽大，味道不怎么样，难怪熟悉它们的人不多。这条路上，插田泡还不少，明年可以来拍花了。

　　此季路边还有一种难以忽略的植物，是合欢。因海拔较高，当城里的合欢渐败之时，这里的合欢却正盛开着。山间合欢，虽为人工种植，但受了山野天地灵气的滋养，显得特别清新水灵，颜色也更娇艳了。两只色彩斑斓的豪虎蛾被花香所吸引，一会儿在花间翩翩起舞，一会儿一头扎进花丛之中，贪婪地吸着花蜜。

　　岳母好长时间没来山里了。这次出来，她和我们一起尝插田泡之酸甜，感众草木之蓬勃，一起慢悠悠地散步聊天，观景拍照回忆故乡旧事，心情特别舒畅。

　　刷山虽乐，一人乐不如两人乐，两人乐不如家庭乐。花友结伴山间徒步寻花之外，如果要带着家人山间车游，且行且停且赏，龙油线是一个不错的选择。

合欢与豪虎蛾

山间风景雨来佳

◎ 2021 / 06 / 19

◎ 鄞州区塘溪镇菩提岭古道

◎ 窗前

六月的甬城，浸润在绵绵的梅雨中。太阳偶尔露个脸，也很快被雨神毫不留情地挡回去。于是，雨帘又任性地在天地间垂挂下来。

工作和生活之余，最喜去山中走走，出一些汗，寻一路花，这是身心极熨帖的放松。周六适逢微雨，花友一行七人驱车前往鄞州区塘溪镇菩提岭古道。

车停在闻名已久的雁村。这里的村民大多姓童、夏、张、周，因童、夏先至，故名童夏家村，又因村形似雁，亦称雁村。一条清溪穿村而过，两旁民居整洁有序，透着岁月静好的悠然。沿溪而前，但见村头菜地里，带豆、茄子、玉米等长势可人，山间雨雾缥缈，清景无限。

岔路口斑驳的石碑上，刻有"菩提嶺"字样。菩提岭古道，因附近山中的菩提禅寺而得名，据说是旧时塘溪人民往来奉化裘村的必由之路。撑着伞走在这卵石铺就的坡道上，走着走着，不由得有些气喘。遥想古人肩挑手扛翻山越岭，实属不易。

越往上走，树木郁郁葱葱，枝叶掩映的林间小道渐趋平缓。雾气

若有若无，人行其中，如在仙境。就在这时，花友们突然发现地上散落着几朵南五味子的花。在湿漉漉的石阶和嫩绿的凹叶景天、酸模叶蓼衬托下，它们如此俏丽迷人。

南五味子，是相对于五味子(俗称北五味子)而言。从资料上得知，在我国，两者以黄河流域为界。我们曾在鄞州区咸祥镇芦浦古道、东吴镇小盘山尝过南五味子的果实，但我从未见过它们的花。

正如"女大十八变"，南五味子的花和果的反差，实在有些出人意料。我拾起一朵，这蜜蜡似的淡黄色花瓣，球状的暗红色花蕊，真是小巧又精致！大自然是最文艺的设计师，若依样制作头饰或服饰，便可作为女子花样年华的点缀了。

我爱不释手，又从地上捡来好几朵，轻轻包好，藏进背包留待赏玩。花友们拍好照，还不忘仰着头找南五味子的藤和花，可惜遍寻不

博落回

五节芒

得。四处都是深深浅浅的绿，南五味子"应在头顶上，绿深不知处"。

我们爬上菩提岭，稍事休息后，沿着一条宽阔的公路下山。这条公路依山而建，蜿蜒在群峰之间，可以通向雁村。久雨未晴，地面冲刷得洁净无尘，灌木丛边青苔泛绿。此时下起了大雨，地上的积水沿着坡势下流，大家的衣鞋都溅湿了。

蒙蒙烟雨，隐隐青山。峰回路转中，路边不时出现的博落回和五节芒令人眼前一亮。它们带着晶莹的小水珠，高高地站在路边，有一种妖媚而坚定的气质。

博落回的花芽有着浪漫的粉白色，叶子有多个深浅裂，且叶表绿色，背面白色，一见难忘。五节芒挺拔秀丽，其穗状花序，如仙人手中的拂尘，飘逸而神秘。

路边的竹林中，有一丛大叶白纸扇。这种植物最显眼的是一片片

大叶白纸扇   野桐

"白花"，它们形如纸扇，又如叶片，上面还有清晰的叶脉呢。有趣的是，那其实不是花，是负责招蜂引蝶的萼瓣。真正的花是金黄色的，有五个小花瓣。这样的造型，与琼花有异曲同工之妙。

实在不舍得错过这雨中的美好！我把相机挂在脖子上，一手撑伞，一手拍照，拍完便立即将相机收进防雨袋中。可是，遇到动心的景致，又忍不住拍起来。灯台树、黄檀、野桐、锦葵、臭椿……漫山雨雾中，一花一树，别有风致。

"枕上诗书闲处好，门前风景雨来佳。"想起李清照的这句词，觉得这山间风景，亦当作如是观。

松石岭的南五味子

2022 / 07 / 17

鄞州区横溪镇松石岭古道

小山

暑气熏蒸，今年尤甚。

连日四十多摄氏度的高温，让人不敢出门，刷山活动基本停止，偶有闲暇，也是躲在家里读书消夏。

海边的宁波，却常成为热极，此事颇让人费解。

这样的季节，还能坚持刷山不止，唯有三哥这样可佩而难学的牛人。周六他发的两张漂亮花图，却也成功勾起了我冒着中暑风险刷山的欲望。

点开他发的花图，但见革质的绿叶中间，长着一朵淡黄色的花，花心是一个紫红色的椭球形花蕊，花瓣肥厚，美似温玉，质如蜜蜡，真是大自然的杰作。乍一瞥，以为是国宝植物金花茶，细一看，才知是南五味子花。

城中无甲子，暑来不知年。原来又到一年五味子花季了。南五味子为木兰科南五味子属常绿木质藤本，在宁波分布很广，常见于山坡、林中、沟边。

不过，往年遇见南五味子，要么只看到地上的落花，要么已经结果，却从来没有遇见过藤蔓上那漂亮的当季花。见之不由心痒，问拍摄地点，三哥说松石岭古道。

次日早六点半，我们出发前往松石岭。这是宁波一条著名古道，地在鄞州南部的横溪镇，离城半小时车程，环线一万步左右。路况良好，植被丰富，上坡略陡，下山却比较平缓，是一条强度适中的刷山路线。

最难得的是，此道两边茂林修竹，百十年树龄的大树，比比皆是。炎炎夏日在此行走，却晒不到太阳，犹如走在林荫大道之上，这是别的古道所没有的好处。故来此徒步的男女老幼，四季络绎不绝。

我们一行五人，说说笑笑，且行且歇，虽汗流浃背，却颇感轻松，毫无中暑之虞。

一路之上，最常见的开花植物是网络鸡血藤，此时正绽放着一簇簇紫红色的花。一片柱果铁线莲，从高高的树冠倾泻下来，形成一条花瀑。天仙果、老鼠矢、八角枫都结出了绿色的小果子。

歇过几个亭子，翻过一座山梁，折向下山的路。在一个转角处，终于看到了三哥拍摄过的那株南五味子。

《浙江植物志》《中国植物志》等都说，南五味子雌雄异株，但从我们眼前这棵南五味子来看，却好像是雌雄同株。枝条上有雌花是肯定的，因为枝间已长出了几个小释迦一般的幼果。奇怪的是，植株上也有雄花。细看花朵，那绿色打底，上面有一些透明雪片的显然是雌花，接下来会发育绿色的小果。而紫红色椭球形花蕊的这种，就是雄

南五味子雄花   南五味子雌花

植株上结出了幼果

花，授粉后会凋落。

那么问题来了。在同一植株上，既有雄花又有雌花，说明这是"雌雄同株"。而且，三哥后来反复查看，排除了几株南五味子纠缠在一起的情况，那些花朵都来自同株上的分枝。植物志是不是写错了，或者说有例外？这个问题暂放一边，再来说南五味子的传粉者。在拍摄过程中，我们并未看到昆虫、蝴蝶之类的传粉者，对此另存了一个念想。

如果不是碰巧看到华南植物园植物科学中心罗世孝博士在中科院格致论道讲坛的一个演讲，哪怕我想象力再丰富，也不会想到为它们传粉的，居然是一种蚊子，其大名叫作松脂瘿蚊，因幼虫寄生在松树分泌的松脂油中而得名。

罗世孝博士通过长期的野外观察发现，南五味子一般在夜晚开花，绽放时会散发出浓郁的香气，松脂瘿蚊循香而来。

当瘿蚊访问雄花时，会产卵于花药内或特殊的花被片上，身上特别是尾部会沾上大量的花粉。当它再访问雌花时，同样会在此花中产卵，此时瘿蚊身上的花粉会沾到湿的柱头上，从而完成为植物授粉的过程。

有人可能会问，为什么瘿蚊偏偏选择南五味子的花来产卵呢？罗世孝博士的研究表明，南五味子会为瘿蚊幼虫提供食物。

瘿蚊的卵会在 3 至 5 个小时之内孵化成幼虫，由于幼虫具有咀嚼式口器，会啃咬五味子肥厚的花部结构表面，此时，受伤的花会立即分泌"防御"黏液石竹烯，以期驱赶这些"害虫"。殊不知，这些作

当南五味子由淡红变成紫红，它就成熟了

为松脂油主要成分的石竹烯，恰恰就是幼虫最好的口粮。

　　于是，就在这样的相爱相杀之中，松脂瘿蚊和南五味子形成了一种互利共生的传粉机制。这不由得让人想起榕小蜂和薜荔等榕属植物之间的协同进化，它们都是"我帮你育娃，你为我传粉"的互利合作典型。

　　从这个意义上来说，传粉机制，和植物种子传播机制一样，是植物学中最神奇也是最具想象力的研究领域。如果说，植物最初吸引我的是漂亮花朵，那么到现在，种子传播和花朵传粉这两种最令人惊叹的植物演化智慧，无疑是我最感兴趣的领域。

　　这株植物和蚊子合作结出的小小聚合果，如今只有小指头那么一丁点大。在未来的日子里，它们会不停地吸收阳光雨露，慢慢长成小孩的拳头那么大，那时它们的颜色还是绿色的，这个过程，需要两个月左右的时间。

到了十一月，果子开始变色了。秋风吹来，红红的果子在藤条之间荡起了秋千。远远望去，俏如二月之花。再过一个月，当果实已经红得发紫的时候，它们就成熟了。

唐人苏恭在《本草拾遗》中解释五味子名字的来源，"五味，皮肉甘、酸，核中辛、苦，都有咸味，此则五味具也"。

但愿走过路过这株南五味子的人们，能好好爱护它，让它在山野之间慢慢长大。等到深秋初冬时节，我们就能在松石岭上品尝它那如人生一般的复杂滋味了。

换个视角游岩坑

⊙ 2023 / 07 / 23

⊙ 奉化区溪口镇岩坑村

⊙ 小山

7月23日，一个周日，正逢大暑节气，跟着两位大咖去刷山。

早八点，三辆汽车从宁波不同角落出发，依约来到四明山深处的一个小山村——岩坑。

我和海豚搭着三哥的车最早到达。华南植物园柳风林独驾一辆印有单位名号的帕杰罗越野车，从酒店直接来此。当浙江农林大学叶喜阳教授领队的5人项目组从奉化赶到小村，我们大暑刷山组算是会齐。

叶喜阳，江湖人称"喜子"，除担任浙江农林大学教职外，他还是著名自然教育机构"浙江山野"的负责人。他拍过的植物超过9000种，尤精长三角物种。人如邻家大哥般亲切，平时向他请教植物，耐心而细致，不但告诉名字，还教授辨识技巧，让人时时受益。

柳风林，江湖人称"柳大"。在草木界，以"大"字为后缀的人，一般都是大牛，比如深圳花友称呼拍过该市100多种野生兰花的箫韵老师为"箫大"。柳大拍过的植物，超过15000种，神州大地角角落

167

落，他未曾踏足的地方还真不多。去外地旅行，如遇到不认识的植物，我喜欢请教柳大。

喜子老师这次来奉化，主要是为该区调查可资开发利用的植物资源。柳大这次莅临宁波，属顺便路过，一则来看看我们宁波花友，一则看看当地的植物。

能和这么两位大咖一起刷山，真是我等的幸运。托台风"杜苏芮"和强对流天气的福，大暑这天天气很给力，不但没有上蒸下煮，而且还是盛夏难得的阴凉好天气。唯一担心的是，不知会不会遭遇暴雨。

岩坑，溪口镇一个青山环抱的小村落。一条清溪穿村而过，传统民居依地形分布于两岸斜坡之上，高低错落，井然有序，远望犹如小布达拉宫。只是人少村空，人迹罕至，分外寂寥。

不过，这种被世人遗忘的村落，却有着极好的生态和生物多样性。顺着清溪而下，有两条沟谷，自 2017 年林海伦老师带我刷过一次之后，就自然而然喜欢上了，成为我不同季节常来刷山的秘境。

刷山就是这样，一个人不同季节去刷同一条沟谷，都会常刷常新，更何况跟着大咖呢？这次将岩坑推荐给两位大咖，就是想借高人之眼，看看熟悉的地方会有怎样的新收获。

喜子老师一路现场教学，指导学生做记录，采标本。他指着路边的植物，说这是宁波溲疏，那是金荞麦，黑果子的是窄基红褐柃，果子只有豆大的是小叶猕猴桃，掌状五小叶的是绿叶地锦。

我站在旁边细细听着。才刚开始，就加了一个新种，从来没发现这里还有小叶猕猴桃。以前我把来自北美的园艺植物五叶地锦和本地

小叶猕猴桃   树参

野生的绿叶地锦弄混淆了，还曾以讹传讹教过别人呢。

　　喜子老师林学出身，对树木特别熟悉，刷山视角和我们略有不同，我们多平视和俯视身边植物，经常忽略头顶的乔木，而这却是喜子老师的强项，上中下植物都逃不过他的法眼，他常常能关注到很远地方的树冠层上的花果。

　　我在前面带路，忽然就听到喜子老师说，树参结果了。我一转头，原来崖壁杂树之间，有一棵三四米高的树参，其枝顶已结出了一簇黄绿色果子，与其花序一样，也排成伞形。

　　平时看到的树参都是灌木状，还是第一次看到这么大而且正在结果的植株。树参为五加科树参属乔木或灌木，个人印象最深的是其变异很大的叶形。同一植株之上，有的二裂成手套，有的三裂成三尖两刃刀，还有的四裂如手掌，也有的完整无裂。同一树上有如此变化多端的叶形，估计只有构树可与其一较高下。

我猜想，其幼树叶形多样，而成树叶子却完整不裂，估计是给虫子错觉，表示此叶已被别虫啃过，就别再来吃了，属于植物自我保护的一种策略。喜子老师深表赞同，还补充说，树参不但虫子喜欢，人也喜欢，树参的嫩叶、嫩芽是最好吃的野菜，没有之一。原来这个叶子还可以吃，又长新知了。

此时山间，因多日暴雨，溪水猛涨，到处水声轰鸣，瀑布飞溅，有些路都被淹没了。我们选择了一条地势稍高一点的溪边小道继续前行。

这条溪谷是我疫情之前常走的路线，三年没来，山路都被疯长的草木遮盖住了，我和三哥不得不用登山杖打出一条路来。

夏日山野，苍翠满眼，开花植物很少，仅凭果或叶认植物，对我们业余爱好者来说，难度有点大。但对于经常出野外的专业人士而言，基本不是问题。刺叶桂樱、毛药藤、显子草、红毒茴、紫萼、鱼腥草，路边一种种我曾注意或没注意的草木，都被喜子老师一一叫出名字来。

"啊，这里还有我一直在找的香槐。"柳大忽然激动地说。我看着那叶子长得有点像紫藤的灌木，心想原来这就是香槐，一种花繁如雪颇具观赏性的植物。

喜子老师闻讯过来，两人一讨论，从叶边缘波状起伏的性状来看，可能是翅荚香槐，柳大现场查植物志，最后确定的确不是香槐本种。在这株植物上，我学到了"叶柄下芽"这个新名词。喜子老师掰下一根叶轴，给我们看叶柄断处，原来那膨胀的叶柄基部里面是空的，

红毒茴　　　　　　　　翅荚香槐叶柄膨胀

目的是保护里面的嫩芽，叶落之后芽出，在悬铃木、刺槐、猕猴桃等不少植物身上都存在这种现象。

　　溪边小路又湿又滑，我们山行时要不时牵着树枝，攀着巨石，有时还得半蹲下身，小心翼翼走过一段又一段的小路。

　　喜子老师一抬头，看到一株巨大的青皮木，这是一种花果皆美的药用植物，喜子老师亲自示范如何使用高枝剪，取了几份样品。安息香科的赤杨叶也结果了，春天我曾在周家畚看过它们一树白花的仙女模样。青钱柳这时恰如其名，一串串碧绿的圆翅果从枝条上垂下来，非常雅致。

　　溪边，喜子老师还发现一株高大的枳椇，枝头结着豌豆大小的青果，果序轴此时还没怎么膨大，等到它们变粗变胖时，就会成为美味的拐枣了。

青钱柳 梾木

枳椇边上，还有一种柄红果青的树木，我脱口而出，灯台树结果
了。喜子老师马上纠正，这可不是灯台树，这是梾木，它们同科不同
属，梾木叶对生，灯台树叶互生，而且灯台树的枝条比较平展。

我仔细一看，果不其然，叶子都是对生的。回来翻检了一下硬盘
里的不少照片，我还真把二者弄混淆了，并且是见到梾木的时候更多。

在一各种藤本相互纠缠之处，喜子老师又指点我们观察了不少物
种。这些年来，只在象山灵岩山见到过一次的祛风藤（浙江乳突果），
这里也有，而且植株上不仅有络石那样细长的蓇葖果，居然还有坛状
的秀气花，一次拍齐了花果，实属难得。

林海伦老师都说稀见的金腺荚蒾，这里也看到了果枝。此行最红
的果子，是山橿，春天辨不清这些开花的樟科植物，喜子老师说，山橿
好认，记住它枝条绿色、丛生灌木状就可辨识了。

祛风藤 　　　　　　　　　　　　　　　　山橿

一路上基本看果子为主，开花植物少之又少，三五种而已。

路边一块巨石的苔藓之间，挂着一些吊石苣苔，才含着苞。想起我7月1日就去一个村子的枫杨树上看花，一点动静都没有，还以为那些吊石苣苔不会开花呢，看来我去得实在太早了。

三哥眼尖，一路之上发现好多蘘荷。他探下身子，扒开旁边的草丛，很多蘘荷都开花了，还有一些正含着苞。蘘荷花苞是一道美味野菜，他一路走，一路收，还真收了不少，我们笑说晚上正好给三嫂炒一碗。

宁波夏日最常见的铁线莲女萎，这里也看到两三丛，烟火般的小白花，稀稀疏疏地开着。花开最盛大的是楤木，顶生的圆锥花序又大又长，是盛夏山间不可忽视的存在。

我一路上都在观察是否有开花的荞麦叶大百合。我曾在好几个春

蘘荷　　　　　　　　　　　　箭叶淫羊藿

雷公鹅耳枥

174

天看到过它们长着绿油油的肥厚的大叶子，只是盛夏很少来这里看花。

走了很长一段山谷，居然连一棵荞麦叶大百合都没看到。细细观察，原来有植株的地方，现在都被各种藤本及灌木丛掩盖了。大自然里的生存斗争非常激烈，看来这里的荞麦叶大百合完全被消灭了。

两位大咖下午还得去杭州，于是我们往回走。路上，又发现了不少物种。果然是视角不同，看到的东西也不一样。

喜子老师惊喜地说，这里还有三枝九叶草，也就是我们常说的箭叶淫羊藿。溪对面的一棵树上，正挂着一串串小葡萄般的青果，这里居然还有华中五味子，这也是我之前没有注意到的。

植物们果形各异，精彩纷呈，体现着各自的生命智慧。雷公鹅耳枥成簇的翅状果苞最有辨识度，方便种子们御风飞翔。贴地而生的太平莓平时很少关注，忘记尝尝是什么味道。崖壁上一棵多花黄精，看来花不是很多，只有两颗绿果在风中摇荡。

当我们穿过村庄，再次回到停车场，两位大咖意犹未尽，还在探讨学术问题。我们则一边检查脚上是否有山蚂蟥，一边随意聊天，尤其庆幸天气预报说的雷阵雨并没有出现。

喜子老师接过话头说，我"喜阳"这个名字不是白叫的。我们笑着叹服，期待喜子老师下一次再来奉化。

恰逢一朵花新

◎ 2021 / 08 / 15

◎ 宁海县黄坛镇

◎ 窗前

　　连雨不知夏深。不经意间，已是八月下旬。

　　这个夏天，宁波告别长长的梅雨季，又遇上痴痴的"烟花"台风雨和任性的雷阵雨，三伏天也不知不觉过去了。想起近来两次去宁海，有幸初识荞麦叶大百合、野菰、药百合等当令夏花。宋代朱敦儒有词云："幸遇三杯酒好，况逢一朵花新。"深觉花友赏花之佳兴，古今颇同，不妨一记。

　　8月1日，阴雨连绵，我们驱车去看荞麦叶大百合。与黑哥会合后，沿桃花溪而行，但闻水声淙淙，时而飞瀑如练，时而浅溪溅玉。行至山谷深处，黑哥说："荞麦叶大百合结果了！"

　　一见之下，我简直不敢相认。今年清明假期，我们曾在岭蛟村见过荞麦叶大百合，它们宽大的叶片柔嫩鲜绿，有如初生的芋叶。而眼前这株荞麦叶大百合，叶片被虫子咬出了大大小小的孔洞，一根直立的深绿色的茎，顶端结着三颗狭长的绿果子，样子有点像欧式烛台。

　　正当我们遗憾错过了花期时，黑哥在周边灌木丛中又找到两株，

春天的荞麦叶大百合

花期的荞麦叶大百合

荞麦叶大百合花朵特写

一株刚展开花序，一株花开正好。我们欣喜地围上去，它们的叶片上也有不少孔洞，花梗短而粗，向上斜伸着，花狭喇叭形，乳白色的花瓣中，还点缀着紫色条纹。

忽然觉得有些感动，如果说春天的荞麦叶大百合如少女，此刻的它们便似母亲，托举着新的希望，虽饱经沧桑，却典雅坚强。

8月是药百合的花期。据《中国植物志》介绍，药百合"生阴湿林下及山坡草丛中，海拔650—900米"，且"花极美丽"。此前小山和花友们也在宁海见过。宁海山水之奇绝、物种之丰富，可见一斑。

8月15日，得知下午将有雷阵雨，我和小山早上六点多就出门了。上次去看荞麦叶大百合时，我的手被洋辣子"偷袭"过，火辣辣地疼。大家的鞋上爬过不少山蚂蟥，所幸时不时检查，加上扎紧裤腿，彻底粉碎了山蚂蟥"亲密接触"的企图。

小山说，这次不刷山，只刷路。我既庆幸又疑惑，庆幸的是防蛇虫安全系数高了，疑惑的是，车游就能发现药百合？峰回路转之际，小山叮嘱：注意看路边，有竹林的地方，可能有药百合。运气好的话，有五节芒的地方，还能看到野菰。

彼时，我正遥望着层峦叠嶂的群山，还有雨雾弥漫的村庄，想起梅尧臣的"人家在何许？云外一声鸡"。即便不看花，单单这样徜徉在世外桃源般的山中，已是身心愉悦。

盘山公路的左前方出现一片峭壁，上面有很多五节芒。小山减缓车速，突然惊喜道："野菰！"我们停好车，兴奋地跑过去。只见一丛五节芒下，零散地分布着不少野菰，有的只有一棵，有的三五棵，还有一

野菰   野菰

簇特别繁盛。

　　据资料,野菰是一年生寄生草本,喜生于土层深厚、湿润及枯叶多的地方,常寄生于芒属和蔗属等禾草类植物根上。它们每根黄褐色的茎端,单生着一朵稍稍俯垂的紫白色筒状花,花萼佛焰苞状。

　　我联想起有"水晶烟斗"之称的球果假沙晶兰。小山说:野菰开花时,从侧面看像烟斗,故称"烟斗花";从正面看,可以看到花冠内有淡黄色柱头,故又俗称"马口含珠"。

　　欣赏完这些野菰,我们感叹,即便当天找不到药百合,也不虚此行了。然而,幸运的是,随着山势越来越高,我们不久就在一片竹林里发现了七株药百合。

　　看再多图片,都抵不过亲眼所见的惊艳!原来药百合的植株很简约,叶子呈不同的披针形,茎从土里长高后,只在末梢高高挑出宫灯

药百合

般的花儿来。

药百合花精致艳丽，花瓣边缘波状，上端粉白色，下端有西瓜红斑点、红色流苏状或乳头状突起。很多植物的花瓣会将花蕊包裹起来，而药百合的花瓣则向后强烈反卷，将花蕊尽可能暴露出来。六根雄蕊向四面张开，花药绛红色，俯视时像飞行器的起落架。这使得药百合花仿佛即便离开枝头，也随时可以安全着陆。

第一次看到这寂静而寻常的竹林里，竟隐藏着如此玲珑华美的药百合。忍不住想，莫非是天上的仙女们，每年八月悄悄幻化成药百合花来到人间？

没想到，和我们一起在这些药百合花旁流连的，还有不少花蚊子。我们逃回车中，狂喷花露水。眼见着乌云正在慢慢聚拢，便驱车从另一条山路返程。

路遇一株开着三朵花的药百合，从绿意葱茏的灌木丛中探出头来。我们下车拍照时，暴雨骤至。之后，我们还在车里望见路边村庄旁的竹林下也有药百合花。

我不由得想，村民们来来往往时，也会注意到这极美的药百合花吗？或者他们已习以为常？药百合的美，若被白白辜负，实在太可惜了。

转念又想，"草木有本心，何求美人折"，药百合本来就不是为人类而盛开的。无论是否有人欣赏，它们都会自在地花开花落，从容地繁衍生息。

安心做自己，这大概也是世间草木给人的启示吧。

四明俱可喜，
最妙渊源处

⊙ 2021 / 09 / 11
⊙ 四明山
⊙ 窗前

四明山既有迷人的自然风光，又有丰富的人文景观。一年四季，或雨或晴，或云或雾，皆有可观。

车游四明山，是我们最喜爱的休闲方式之一。随意选择一条盘山公路，驱车进入四明山脉，便可见层峦叠嶂，莽莽苍苍，偶尔路过水库，更有山水相依，倒影如画。从山谷至山巅，还点缀着不少村落，鸡鸣犬吠的人间烟火味里，交织着若有若无的世外隐逸风。

9月11日送女儿返校，回甬途中，我们决定去四明山转转。时近中午，从余姚西下高速，经四明湖，穿梁弄镇，驶向大岚镇。此时阳光正好，能见度高，人在车上，仿佛穿行在千山拥翠的画卷里。

信马由缰般走走停停，在一条岔道上，我们看到一株高大的玉兰树上结着串串暗红色的蓇葖果。剥出橙黄色的种子，有白丝相连，可吊在风中，这是玉兰为吸引鸟雀传播种子而进化出来的生存智慧。

一只蝴蝶在海州常山的花丛中飞来飞去，后翅上各有一块翠蓝色的斑，请教宁波著名蝴蝶专家林海伦老师，得知竟然是宁波蝴蝶新记

玉兰种子有丝线连着

巴黎翠凤蝶背面

巴黎翠凤蝶腹面

姚江源头

录——巴黎翠凤蝶。

忽见路边指示牌上有"姚江源头"。带着对未知的好奇，我们来到一片茶园空地上。沿石径向下走，很快看到用石头垒得整整齐齐的两个泉井，两泓山泉，清浅见底。上方一块平整的大石头上，刻着"姚江源头"四个字。真没想到，汇流到宁波城区三江口的姚江，源头竟在四明山腹地！细细品来，"源远流长"真是一个有力量、有内涵的词语。

之后，我们穿过茶园爬上山坡。鹅卵石铺就的平台旁，有块石头上刻着"岷岗"，并标注海拔 648 米。狗尾巴草、攀倒甑等在风中摇曳，团团白云仿佛触手可及。放眼四望，一览众山小，胸无半点尘。

能邂逅"姚江源头"，已令我们欢喜。行驶在浒溪线，突然看到四窗岩公交站，我们更是惊喜：如雷贯耳的四窗岩，莫非就在这附近？

我们拐入旁边的四窗路，循着路标来到依山而建的大岩下村。当

岷岗远眺

看到停车场的标识牌时，不免又喜又忧。喜的是，上面正是四窗岩简介；忧的是，此时已是下午三点，天边乌云密布，暴雨将至。

据介绍，大俞山山巅有座长方形悬岩崖，崖上四个洞穴如窗，可通日月之光，故名四窗岩。唐代诗人刘长卿《游四窗》诗写道："苍崖倚天立，覆石如覆屋。玲珑开户牖，落落明四目。"四明山因此得名。宁波古称"明州"，亦渊于此源。直到明代朱元璋为避国号讳，才将明州改称宁波，并沿用至今。

关于四明山名字之由来，曾在天一阁龚烈沸老师一篇题为《杖锡山、杖锡寺及清抄本〈杖锡寺志〉述略》文中，读到另一说法：

明万历间一文人（佚其名）曾两次游杖锡山，并撰文《四明辨（并诗）》，以为"四明"来历非自四窗岩而是杖锡山，杖锡寺半里许"一峰绝高，余尝再登之，见数百里群峰，以千百可指而数。东西南北，无一

四窗岩听雨

蒋介石曾拍照的岩洞

蔽遮。又此峰最中，四面山环绕如内城，外又层层环绕如外郭……故独此山可称为四明，正以四望通彻如一故也……四明之义在山，而不在一石窗也"。

我们当时站在"岷岗"举目四望，亦有同感。但山名是否来自杖锡山，就没法证实了，也只能聊存此说备考。

抗日战争和解放战争时期，由于四窗岩地势险要，十分隐蔽，成为游击队的"公馆"。蒋介石也曾两次上四窗岩，一次是1913年讨袁失败遭北洋军通缉时，一次是1949年逃亡台湾前夕。

我们带上伞，去寻找四窗岩。走过水库旁的木栈道，便进入了峭崖边的山路。走着走着，还没看到四窗岩，豆大的雨点已经落下来。一时间，我们进退维谷。打道回府，实在有些不舍，冒雨再探，恐路远天黑。商议之后，觉得安全第一，仍原路返回。

巧的是，刚走回木栈道，远远看见一个村民在前面行走。一打听，得知顺这条山路一直走就可到四窗岩，大概在七百米处。

雨势增大，我们却平添了信心和决心，重回前路。谁知走了大约一公里，还是没找到。既来之，则安之。继续沿着湿漉漉的石径向前走，终于看到一块石头上刻着"四明山第一名胜四窗岩"，旁边一条陡峭的石阶高高通向山顶。

我们难掩喜悦之情，轻快地登上石阶，终于来到四窗岩下。四下无人，高楼般的崖壁横亘在前，攀爬进岩穴，但见石室幽深开阔。从里往外看，几块巨石间的空隙，恰似大小不一的窗户。我们坐在最大的石窗里，窗外暴雨如注，岩壁挂起了雨帘，室内却安然无恙。

当晚，翻看清代宁波人徐兆昺的著作《四明谈助》，发现唐代陆龟蒙、皮日休，明末清初黄宗羲，清代全祖望等均留下了吟咏四窗岩的诗篇。而黄宗羲《四明山志》云："是时四明总名天台山，刘、阮遇仙之际，相传在今石窗。"始知刘晨、阮肇采药遇仙的传说，竟也发生在四窗岩，真是有趣。

孟浩然《与诸子登岘山》诗云："人事有代谢，往来成古今。江山留胜迹，我辈复登临。"岁月的长河无声无息，古往今来，多少人曾在四窗岩流连，如今我们亦成为这沧海一粟。

胡枝子，
萧然含露待秋风

2021 / 09 / 21

鄞州区横溪镇金鹅湖

小山

　　横溪山水秀，金峨禅意深。宁波城出发，半小时车程，即可抵达此一山水绝佳之处。

　　立于大梅岭金山之顶，可观湖望海眺望宁波城；去至团瓢峰山脚之下，可览寺礼佛遥想百丈师。大梅、团瓢之间，谷地开阔，屋舍俨然，更有清波荡漾水面浩渺的金鹅湖，倒映着延绵青山和蓝天白云，景致之美，令人流连忘返。

　　中秋假日，漫游横溪，依旧走金鹅湖西岸道路，此处车少景好植物多。这个季节，路边最常见野花，是淡雅秀气的翅果菊，一路见其淡黄色的花朵在风中袅袅起舞。

　　还有一种美丽小灌木，也不时在路边崖坡之间闪现，紫色小花如瀑布一般倾泻于枝间，那是胡枝子，我最喜欢的秋日野花之一。

　　胡枝子在我国分布极广，东北、西北、华北、华东、华南等十几个省份都有生长。但奇怪的是，此花在我国古代本草或植物典籍之中却出现得很晚。《中国植物志》显示，胡枝子中文名来自朱元璋第五子朱

胡枝子

橚的杰作《救荒本草》，也就是说，直到明代，我国典籍才第一次记录这种植物。

在《救荒本草》中，胡枝子被列入"叶及实皆可食"类目，书中介绍了胡枝子的种类和吃法：

"胡枝子，俗名随军茶。生平泽中。有两种，叶形有大小，大叶者类黑豆叶，小叶者茎类蓍草，叶似苜蓿叶而长大，花色有紫、白，结籽如粟粒大，气味如槐相类。性温。救饥采子微舂，即成米，先用冷水泡净，复以滚水烫三五次，去水下锅，或作粥或作炊饭皆可食，加野绿豆味尤佳，及采嫩叶蒸晒为茶，煮饮亦可。"

《河南植物志》记载，该省胡枝子属植物有十三种之多，紫、白花都有，朱橚藩地开封一带想来应该也不少。在横溪金峨山，开紫花的有胡枝子、美丽胡枝子和大叶胡枝子三种，还有一种开白花的胡枝子，名为绒毛胡枝子。

另一本记载胡枝子的著名典籍，是清代吴其濬的《植物名实图考》，书中记为"和血丹"，词条后小字注"即胡枝子"，配图也非常清晰，花叶就是胡枝子的模样，内容除生境、样貌介绍之外，重点提及其药用功效，"俚医以为破血之药"。巧的是，吴其濬也是河南人，家在信阳固始。

除这两本典籍关于胡枝子食药功能的记载之外，在我国浩如烟海的诗词歌赋之中，难觅胡枝子踪迹。对于颜值颇高、浑身是宝的胡枝子来说，缺席于文学长河，实在令人费解。而在东邻日本，胡枝子的命运则完全不同，不但各种经典名著吟咏颇多，而且被列为秋花之首。

胡枝子上有一只日本黄脊蝗

绒毛胡枝子

绒毛胡枝子

日本园艺家柳宗民在其著作《四季有花》里指出："《万叶集》里提到的植物何其多，而萩（qiū）的频频出现，可见它多么受日本人钟爱。从南到北，从东到西，分布在日本列岛各处山野中种类繁多的萩，向人们昭示秋天的到来。"这个"萩"字，是大和民族为胡枝子专门创造的，从草，从秋，意思是秋天开的花。汉字之中也有"萩"字，却指一种蒿草。

　　柳宗民还给出了胡枝子被日本人喜欢的理由："萩的花朵并不美丽，挂在纤长枝条上的紫红色小花，自有一种清冷的味道，很符合日本人的审美。"

　　《万叶集》是日本最早的诗歌总集，地位相当于我国的《诗经》，约在 8 世纪后半叶由官员兼诗人大伴家持编纂完成。有人统计，在《万叶集》中，有 141 首和歌吟咏胡枝子，为集中植物第一，说明日本人在一千多年前就广泛关注到胡枝子之美了。

　　东瀛有"秋之七草"之说，他们选择"萩、尾花、葛花、抚子花、女郎花、藤袴、朝颜"七种常见草花来作为秋之代表花。此说源于山上忆良创作的一首完全用植物名写成的和歌，对应中国名字，分别是："胡枝子、芒、葛、瞿麦、败酱、佩兰、桔梗"七种野花。除佩兰是自中国引入之外，其余六种都是日本原生野花。当然，地处同一植物区系，这七种也是我国常见植物。

　　《古今和歌集》是继《万叶集》之后日本第二部和歌总集，也是第一部天皇敕命编撰的和歌集，其中吟咏胡枝子的和歌也不少。我印象比较深的一首，是佚名作者的《无题》：

"秋萩叶落后／夜半孤床凉已透／不堪独寝愁；且飞且啼哭／大雁泪洒庭中树／凝成萩上露；萩叶缀露珠／游人可看不可触／一触即变无；欲去秋萩枝／枝上白露如翡翠／摇摇欲下坠；萩花落尽露为霜／荒野行路夜未央／夜露沾衣裳。"

这是一首凄美的和歌。又是一年萩花即将落尽的时节，旅人秋夜独行于荒原之上，共情于离开故土的大雁，感叹生命如朝露一样美好却很短暂。作者悲秋叹时、思乡盼归、感怀伤事的情绪，通过萩花这一意象表达得饶有韵味。

手头有周作人译的另一日本名著《枕草子》，是日本三大才女之一、和歌作者清少纳言的随笔作品。清少纳言生活的年代，和东坡先生大致同时，这部作品和《东坡志林》也有异曲同工之妙，多数篇章表达了生命和自然世界中的各种趣味与美好。

书中除了回忆作为皇后女官的宫中生活、记录平安时代的风俗世相，更多的是描摹记录她观察感受到的四季变化的微妙之美，其中关于胡枝子的描写就有六处之多，此处略举一二，从中管窥一下日本人喜爱胡枝子的原因之所在。

在卷三第五十八段"草花"章节，清少纳言生动描摹了胡枝子秋日早晨的模样：

"胡枝子的花色很浓，树枝很柔软地开着花，为朝露所湿，摇摇摆摆地向着四边伸张，又向着地面爬着，那是很好玩的。尤其是取出雄鹿来，叫它和这花特别有关系，也是很有意思的。"

周作人注解道："日本古歌中说及鹿者，必连带地说胡枝子，其用

胡枝子花特写

胡枝子叶

意不详，但其由来已久。"知堂先生疑惑的这个问题，在日本另一位才女紫式部的文学经典《源氏物语》里已有答案，"小牡鹿视带露的萩花为妻子"。所以，说及胡枝子，必会提及雄鹿，这也是很有趣的事情。

清少纳言还在卷七第一一五段描绘了秋日雨后的胡枝子，细腻而传神：

"稍微太阳上来一点的时候，胡枝子本来压得似乎很重的，现在露水落下去了，树枝一动，并没有人手去触动它，却往上边跳了上去。这在我说来实在很是好玩，但在别人看来，或者是一点都没有意思也正难说，这样的替人家设想，也是好玩的事情。"

书中这样好玩的、有趣味的事情非常多，就好像东坡先生笔下的竹柏月影、海棠夜放之类景象，虽在别人看来微不足道，但在清少纳言眼中，却有着惊鸿一瞥的永恒之美。

当然，在胡枝子的事情上，清少纳言也有懊恼的时候。她在院子里"种了些很有风趣的胡枝子和芦荻，看着好玩的时候，带着长木箱的男子，拿了锄头什么走来，径自掘了去，实在是很懊恼的事情。有相当的男人在家，也还不至那样，〔若只是女人，〕虽是竭力制止，总说道：'只要一点儿就好了。'便都拿了去，实是说不出的懊恨"。

自己心爱的东西，被人拿了锄头直接掘了很多去，心头如此不舍，却又不便明说，只能在心里懊恼不已。清少纳言可爱的惜花人形象，活灵活现于我们的眼前。

一种野花，须得有名家巨擘佳作名篇的阐发和颂扬，才能在文化传统中传之久远，甚至成为文学意象之代表。胡枝子在日本即因此而广为人知。在我国，因为《诗经》中出现了关于"游龙"（即"红蓼"）、"蒹葭"（即"芦苇"）的篇章，所以蓼花和芦苇这一对红白组合，即成为我国文学传统中的秋天代表，宋人黄庚名句曰："十分秋色无人管，半属芦花半蓼花。"

无论是胡枝子本种，还是美丽胡枝子、大叶胡枝子，均为三复叶碧绿可爱、小紫花精巧细致。近看一株，如姑娘身上好看的碎花连衣裙，远望一片，又似一团紫云落于山间，实为一类不容错过的美丽野花，也是一类可以入诗入画的文艺植物，期待有更多名人巨匠能够欣赏并且弘扬胡枝子之美。

这个季节，车行山间或登高刷花，总能在路边道旁不经意间看见胡枝子。如能在秋日清晨，看到它们带雨含露的模样，或者在秋凉夜晚，看到它们月下迎风摇曳的舞姿，那一定是胡枝子的绝美时刻。

任是寻常也动人

⊙ 2021 / 10 / 06

⊙ 四明山荷梁线

⊙ 小山

　　平时穿越杭甬、甬金两条高速之间的四明山，主要有两条线路：

　　一条是浒溪线，即慈溪浒山至奉化溪口的 S213（原 S33）省道。杭甬余姚西下，过梁弄、大岚、四明三镇，至茶培村，分两条路出山，或直行过雪窦山，至溪口镇下，或右拐盘旋而下，亭下湖出，溪口西上甬金返城。反之亦然。

　　此线主要以山顶景观为主，海拔相对较高，沿途山体多开发为茶园和花木苗圃，人工痕迹比较明显一些。右拐驶往亭下湖方向之后，沿途生态好一些。

　　另一条是荷梁线，即海曙洞桥荷花池村至余姚梁弄的 X012 县道。杭甬余姚西下，在梁弄镇四明路左拐进山，过鹿亭、晓云，穿熙熙攘攘的网红打卡地中村，绕皎口水库北而下，洞桥上高速回城。

　　此线以山谷景观为主，海拔较低，水量充沛，物种相对丰富一些。但此路稍显狭窄，转弯会车尤其要当心。过中姚村之后，主要沿溪而行，山水优美，古村相望，是一条非常美丽的山间公路。10 月 6 日，

俯瞰茶培村

我们走此路再次穿越四明山。

这次没有时间细细搜寻，只是偶尔停车欣赏了路边一些寻常草木。然而，这些寻常草木，因不同的生境与样态，自有其动人之处。

拐入荷梁线没多久，穿过一片竹林，远远看到三棵高大伟岸的檫木矗立在大山之间，颇有一种欲与大山试比高的气势。可巧路边有一块空地，正好停车欣赏。

檫木是我最喜欢的一种大树，树干高大笔直，枝条伸展入云，无论开花、绿叶或者叶子落尽之后，都不失其阳刚俊朗之美，是宁波山间辨识度最高的树种之一。

空地边上，还有几种颜值很高的野花，一是身材高挑的翅果菊，另一是贴地而生的鸭跖草。

翅果菊是秋日宁波路边最常见的野花之一，也是一种全国广布的野菊花，因椭圆形瘦果边缘具宽翅而得名。其种子随汽车气流而传播，故城乡路边常见。幼苗叶子和莴苣有点类似，所以有野莴苣、苦莴苣、山莴苣等多个俗名。

翅果菊的花色，是那种令人非常舒服的淡黄色，既不张扬，也非暗淡。窗前说，"人淡如菊"，大概就是这样吧。

翅果菊植株粗壮而高大，最高可以长到 2 米，上部分枝比较多，小花星星点点分布于花枝之上。无风尚且自摇，有风就更加婀娜多姿了，是秋日山间让人难以忽略的一种美丽野花。

路边坡上有一块废弃的菜地，一大片深蓝色的鸭跖草，一下子吸引了我们的目光。作为《本草纲目》榜上有名的植物，鸭跖草是消肿

翅果菊

鸭跖草

蜜蜡状雄蕊

U形雄蕊

丁字形雄蕊

雌蕊

利尿、清热解毒之良药，此外对麦粒肿、咽炎、扁桃体炎、蝮蛇咬伤有良好疗效。

在自然界里，深蓝色的花朵并不多见，而鸭跖草是其中之一。其花朵造型非常独特，两片大大的花瓣，好像鸟儿振翅，而伸长的花蕊，则像鸟儿蹬出的双腿，动感十足。

花朵最复杂的部分，是雄蕊。植物有两种类型的异型雄蕊不奇怪，但鸭跖草居然有三种，这在十几万种植物之中也是少见的。当年写《中国植物志》的专家估计都给搞晕了，条目之下居然对雌雄蕊避而不谈。

为方便叙述，我把这三种雄蕊分别命名为蜜蜡状雄蕊、U形雄蕊和丁字形雄蕊，这三种雄蕊各自承担着不同的功能。

蜜蜡状雄蕊有三个，在三种雄蕊之中面积最大，颜色最亮，但花粉却是最少的，其最主要功能，是以鲜艳的黄色招蜂引蝶，吸引传粉者。丁字形雄蕊是最长的，和雌蕊长度比较接近，这是异花传粉主力之一。而中间的U形雄蕊产生的花粉最多，既承担异花传粉的功能，也承担自花传粉的功能。三种雄蕊互相配合，确保圆满完成种群繁衍

攀倒甑

少花马蓝

的重任。

从鸭跖草广布全国各地的情况来看,其传粉策略无疑是十分成功的,说明鸭跖草是一种既有颜值也非常具有智慧的可爱植物。

攀倒甑,又名白花败酱草、苦益菜、萌菜,忍冬科败酱属草本,一种浙西人民常吃的野菜,也是秋季颇为常见的一种野花。到这个季节,花期基本已过,即将全面进入果期。

出中村,过童皎,驶入皎口水库北边道路,在一拐弯处,一片紫色小花让我们又忍不住路边停车。

走近细看,原来是宁波颇为常见的爵床科马蓝属植物少花马蓝,这也是感冒良药板蓝根的亲戚。一朵朵留声机喇叭似的小紫花在绿色苞片中升起,喇叭口中间,一根毛绒绒的雌蕊伸了出来,在末端还打了一个小卷曲,看起来真顽皮。

平时见到它们都是一小丛,或几株,这次看到这么一大片,颇为意外,顾不得蚊子叮咬,拍了很久,得到几张好图。

驶下大坝,进入章水镇,沿着我们走过无数次的樟溪河行驶。赫然看见河上有两座古桥在前不久的"烟花"台风中遭受重创,一座只剩下桥墩兀然矗立,另一座桥的桥面扭成了S形。几年前,我们曾在两座桥上留过合影,甚至还带"拈花惹草部落"的花友们来此游玩,见此情景,不由叹惋。

在樟溪河宽阔清浅的水中,很多大人带着小朋友在戏水,甚至有人在河边搭起了帐篷,一派热闹闲适景象。亲近自然,回归山水,已经成为越来越多人的选择。

探秘滴水岩

◎ 2020 / 10 / 07

◎ 诸暨市暨阳街道滴水岩

◎ 小山

在众多践行"博物学在地化"理念的博物爱好者之中，诸暨小丸子是独树一帜的。

她像《塞耳彭自然史》的怀特一样，一直坚守着诸暨市暨阳街道的滴水岩，系统观察、持续研究、热情书写着这里的一草一木。非但如此，她还在一些全国性的博物论坛上宣讲自己观察滴水岩的心得。时至今日，滴水岩已变成了博物界特别是草木界诸多爱好者的向往之地。

芄兰、芝麻等群友不远千里慕名前去看花观草看虫，芄兰还为滴水岩写过两篇图文皆美的超级长文，让大家眼馋不已；坐拥括苍山、羊岩山、大雷山三座大山的阿珠，也和如兰一起来到滴水岩，就为了那里大片大片的绵枣儿；甚至李根有、老蒋、刘军等省内著名专业人士也专程来这里考察植物。

一直很好奇：滴水岩到底是一个怎样的地方？为什么能让小丸子这么多年持续观察并且乐此不疲？为什么有些群友一而再再而三地想去滴水岩？

10月7日上午，绍兴城办好事情，看看汽车油箱还是满的，时间也还宽裕，当天小丸子公众号又推送了一篇关于滴水岩鸭跖草花海的文章，自然而然想到，是不是顺势去滴水岩一探究竟？立刻联系小丸子，问她是否方便。这很重要，不论去哪里刷山、刷植物园，如果没人带，指定抓瞎，根本不知道好东西在哪里。小丸子回复说送儿子到校就空了，于是，"想到了就去"的滴水岩之旅就这样成行了。

　　一个半小时车程，到达约定地点，和小丸子、彼岸两位老友接上头，简单而有特色的午餐之后，顺便逛了逛农家乐老板的大院子。他也是个喜欢植物的人，院内有不少特色植物，老鸦柿盆景很多，橙果绿叶非常好看，难得一见的七子花正开着小白花，一种花萼膨胀似葫芦上部的藤本植物，一开始以为是啥牵牛，后来群友竹林静雨说是丁香茄。这些都是我第一次遇见的植物。

　　小院出来，五分钟车程后，进入一个村庄，土狗们在路边热闹地叫着。小丸子带我们来到附近一个小缓坡上。这是一个由红色砂砾岩构成的缓坡丘陵，土壤稀少却生机勃勃，尤其是大片大片的蓝色鸭跖草花海，让人惊艳不已。蓝色之间还有一些粉色，那是石荠苎属、绵枣儿等草花正在开放，红蓝相间的色调，搭配起来就是这么好看。

　　我以为这就是滴水岩了，蹲在地上开始认真拍摄起来。虽然鸭跖草拍过几百次，但看到如此大面积的蓝色精灵，还是忍不住一拍再拍。小丸子如数家珍地告诉我们这里都有些啥植物，四季会有怎样的变化，比如东南景天开花时如何黄成一片，冬天又如何暗红一片。她还给我们现场教学，鸭跖草是两型花，这时我才注意到，鸭跖草居然还

滴水岩的鸭跖草

苏州荞苧花

绵枣儿

东南景天

有可孕花与不孕花两种花型，真是学无止境。这样的辨识特征，还真
得对照植物志描述，持续、深入地反复观察才能知道。

　　小丸子看我们连常见的鸭跖草都拍得这么起劲，就一直提醒我们
抓紧时间，说对面还有很多好东西呢。当我们从鸭跖草花海立起身，
四处随意一看，但见此处有楝、盐肤木、胡枝子、白鹃梅、东南景天以
及各种苔藓、芒草，它们或花或果，各具特色，确实四季皆有可观。难
怪小丸子一直说，她太忙了，一年四季都很忙，不是很想去"诗和远
方"，如果去一趟外面，又会带回来一大堆植物研究，这不是自寻烦恼
吗，还是先把滴水岩的家底搞搞清楚再说。

　　跟着小丸子来到马路对面一个更高的小山坡，同样是红色砂砾岩
质地。驻足回望，这里的视野非常开阔，城乡井然有序，群山起伏延
绵。"小山，模式标本种找到了，而且还有花，快来拍！"当我正聚精

毛花茺花

会神拍一种胡枝子的时候，小丸子在前面召唤我们。走过去一瞧，看到一种开着黄绿色小管花的灌木，夹杂在其他灌木之中，这就是模式标本采于诸暨的毛花茺花！它们的花朵实在太小了，在风中对到一个焦，真是不容易啊。

这里的算盘子，花都比别的地方大，而且雌花、雄花都有，真是太难得了。路边居然还有一棵枳椇(zhǐ jǔ)树，即俗称的拐枣。枳椇最好吃的部分，是其中间膨胀的果序轴，肥厚、含糖丰富，生吃、泡酒都是极好的。去年在宁波天童寺吃到过一个，很甜，很不过瘾。此树果实累累，可惜还没成熟，否则可以大快朵颐了。小丸子说，这里还有流苏树，春天繁花满树时非常美好，这也是我在宁波尚未见过的物种。

秋天是石荠苎属的季节，小鱼仙草、苏州荠苎、杭州石荠苎、石荠苎之类争奇斗艳，它们的花都很精致，但辨识起来很难。不过这里有

算盘子雄花

算盘子雌花

算盘子果实

枳椇

花朵最大最美的两个物种同时生长，正好比对辨认：一种苞片较大且覆瓦状排列、花序比较紧密的，是杭州石荠苎；另外一种苞片较小、花序也较稀疏的，则是苏州荠苎。从这个意义上来说，坡度平缓、物种丰富的滴水岩真是一个很好的自然教育现场。

边走边看，心里有个疑团，此处山坡，干燥、洁净、平整，没有多少风化的碎石松土，也没有看到湿滑的岩壁，这滴水岩之名来自何方呢？小丸子笑指对面山间一些黄色建筑，说待会儿带你们去那里看看，让你们知道一下滴水岩的来龙去脉。

下得山坡，走过一片丰收的稻田，拍了雷公藤、网络崖豆藤以及斑茅等植物，从另一条路开车上山，当看到牌楼上"滴水禅寺"几个大字，瞬间有点明白了。此寺始建于唐朝，颇有些历史。寺后一块大石崖，陡然若削，壁立千尺，崖壁上一个巨大"佛"字，有泉水自岩壁间缓缓渗出，滴滴答答坠入潭中。潭边是低眉慈目的汉白玉观音菩萨和两个童子塑像。据说此一甘霖，四季不绝，恍若菩萨之雨露，永久滋润这红尘世间。寺以岩名，地以寺名，这就是滴水岩的来历。

来过才知，滴水岩的确具有不少博物网红的优秀特质。一是离城市很近，车程二三十分钟可到，特别方便观察。小丸子说，她喜欢上班之前特地来这里看看植物看看云，甚至就是发发呆也很惬意。二是物种特别丰富，原生态保持完好，别的地方植物，都是几株或者小群落出现，而这里很多植物都是一大片一大片的，比如鸭跖草、绵枣儿、白鹃梅皆如此，特别有气势。三是这里的坡度平缓，强度不大，不想走的，前面这一段路也够拍摄大半天了。强健者也可继续往上，绕

苞片覆瓦状排列
花密集

花序疏离
苞片小

杭州石荠苎苞片　　　　　　　　苏州荠苎苞片

雷公藤叶子

远眺滴水岩寺

过山巅，走个环线回来。看花观景，真可谓老少咸宜。四是这里还是一个颇有文化底蕴的地方，除了滴水禅寺，上面还有一个宝寿寺，也是始建于唐代的古刹。滴水岩这个名字也特别好，小丸子正如水滴一样，长期努力之后，一定会在中国博物学的版图上，滴出一个属于自己的小坑。

小丸子还想象了一个特别美好的场景：早春时节，东风送暖，阳光明媚，当其时，老鸦瓣遍地，白鹃梅绽放，山花姹紫嫣红，山野一片生机。唤三五好友，携茶酒食物，刷山看花之后，就在小山坡上席地而坐，把酒临风，谈空说有，不醉不归，真乃赏心乐事也！

心中若有桃花源，何处不是水云间？

问秋四明山

◉ 2022 / 10 / 23
◉ 四明山
◉ 小山

平时刷山，徒步和车游各半。和花友常徒步，和窗前多车游。这两种方式我都喜欢。

二者之别，如用阅读来打比方，徒步像是精读，走得慢，看得细，会遇见更多藏于深山大泽之中的稀见草木；而车游更像是泛读，速度快，范围广，于草木自然，只能得其显著而突出者，却有利于整体把握一座山的脉络。

去高大绵广内涵丰富的四明山，我更喜欢车游。每次进山，走走停停，拍拍看看，在山里盘桓六七个小时方下山回城。

10月23日，忽然想起茅镬那些古树，不知它们秋色几许了。决定和窗前一起进山，去看看这些老朋友。

朝阳上高速，洞桥下，驶过秋水澄清的樟溪河，自蜜岩村进东四明山，绕过烟波浩渺的皎口水库，来到细岭村。过村遇一卡，说细北线在修，左边旧路不通。于是拐进右边一条陌生山路，穿村过岭，一路盘旋而上，绕道前往目的地。

半红半绿檫木

　　此时山间，叶色最靓丽的树木，当属檫木。它们有的一树红透，有的半绿半红，有的则红黄绿各种色彩都有，在山间特别惹眼，是这时节秋意的主要代表。站在树下拍檫木红叶，阵阵山风吹来，可听到风中带着沙沙的声响，这是叶子枯黄干燥后特有的秋声。

　　各种秋菊在山间路旁或岩壁之间自在开放。三脉紫菀、陀螺紫菀最多，也有黄瓜假还阳参、一枝黄花，它们或白，或紫，或黄，或伸出花棒一支，或摇曳生姿一丛，或挤挤挨挨一片。因为它们，整条山路都美好起来。

　　在路边走着，忽见一面大崖壁上，爬满了翠绿藤本。乍一看，分不清是络石还是薜荔。走近岩石，才发现二者都有。一侧以薜荔为主，错落有致挂了不少木莲果，其顶部平整，应为做不出木莲冻的雄果。另一侧络石的藤蔓之间，已有了八字形张开的蓇葖果，有的还裂出

三脉紫菀

陀螺紫菀

一枝黄花

薜荔果 络石果

了带白绢毛的种子。

　　它们并没有把整面岩壁布满，还有一些留白。大自然真是一个富有创造力的艺术家，它不浪费一寸土地，哪怕是一片岩石，假以时日，也会用草木山石布置出一个个奇妙而生动的天然花境。

　　车子在无数个拐弯中渐行渐高。当满山满岗或红或黄的鸡爪槭、红枫出现在眼前，就知道我们已进入四明山腹地了。这些都是四明山苗木经济的主力品种。转过一个山坡，被拐弯处坡顶一株叶色深红的乌桕树吸引，赶紧路边停车，跑回去拍照。今年的乌桕变色比较早，檫木也比往年红，不知是否因为冷热切换太快、温差太大。

　　这棵乌桕树再往前，来到字岩下村的字丰自然村。村名中带个"字"，有点奇怪。现场查询，才知道这个"字"，是指该村有一处"四明山心"的大型摩崖石刻，据说为宋时古迹，现在只剩下一个"心"字

字岩村老银杏全貌 字岩村老银杏局部

了。大字岩壁之下的村落，称之为"字岩下村"，倒也说得通，而且还有几分文化味。不过，村里最吸引我们的不是这些古迹，而是两棵千年银杏树。

公路上远远看到两棵鹤立于村落之间的大银杏，我们靠边停车，进村观览。当我们站在遮天蔽日的大树之下，立刻被它们沧桑古朴却依然枝繁叶茂的生命力所震撼。

因地质沉降，这两棵树不少根系露在外面，甚至部分悬空。它们却犹如八爪鱼一般，紧紧抓着大地。南侧的主干，甚至树皮都没有，木质部暴露于外。右边一棵似乎还有火烧的痕迹，好在主干以上的树皮还完好。此时的银杏，叶色已在黄绿之间，秋风过处，小裙子般的叶子在阳光下快乐舞蹈。

一千多年岁月里，它们不知历经了多少艰难困苦，却依旧长势

良好，生机盎然，稳稳矗立于天地山川之间。铭牌说这是一对"夫妻树"，可我细看枝叶之间，不见长有白果，推测这是两棵雄银杏树，称它们为"兄弟树"，也许更合适一些。

当我们翻过一个山头，瞥见重重青山之间那一片绿水，知道茅镶不远了。这片绿水就是周公宅水库，茅镶就在其上游。

行至村边，那些千百年扎根于斜坡之上的金钱松、银杏、枫香，叶子大多还是绿中微微带点黄，距离最佳观赏期，估计还有两周左右。村落附近正在修路，车流量虽不大，依然小堵。利用车辆缓行这点空

柘果　　　　　　　　　　　　　　　　　中日老鹳草

档，我们麻利地买了几篮山民沿路叫卖的吊红，作为今天的餐前水果。

　　车过水库上游的茅镬大桥，左拐继续上山。一路上，时时留意路边。我曾在这段路上拍到过一棵挂满红果的柘树，不知它是否依然安好。当它再次出现在眼前，我居然有一丝激动。与上次相比，柘果已由橙红变成紫红，熟透了。

　　此树生长之处，为一山肩地带，峡谷对面的山顶有个村庄，一排排老屋清晰可见，看地图似乎是低坪村。村左的崖壁之间，挂着一条长而曲折的瀑布，轰鸣的水声如在耳边。

　　此处路宽车少，我们靠边停车。提上一篮吊红，带上干粮，坐在一处由高粱泡、紫花前胡、中日老鹳草、苎麻构成的天然花境边，开始我们的午餐。

　　吊红为四明山特产，亮红色，圆形，个头不大，娇小玲珑，味道和

四明山吊红

外形，与陕西临潼火晶柿有几分相像。捏了几个软的熟柿，揭蒂，对半打开，连瓤带籽吸入口中，柔滑甜糯，味道极佳。一口气吃了六个，心满意足，感觉这时候的自己，才算真正品尝到四明山的秋天了。

吃饱看足，身心俱泰。车过杖锡，一路盘旋而下，从茶培进入浒溪线。在亭下湖的湖光山色的目送中，我们在溪口西重上甬金高速，结束了这次快乐的初秋车游。

寻找野荔枝

○ 2021 / 11 / 06

◎ 鄞州区东吴镇大盘山

◎ 小山

秋天到了，是吃野果子的时候了。

鄞州区东吴镇大盘山弥陀寺南边，有一片森林，归属天童林场。经过多年培育，这里的金钱松、柳杉、鹅掌楸、深山含笑、檫木、杉木等，已长成参天大树，蔚为壮观。

最初是跟着三哥来这里看花开满路的油点草。虽然这里山蚂蟥肆虐，但每年还是会来几次。林中有两种植物让我心念不已：一是南五味子，一是秀丽四照花。这是两种花果俱美的草木。春末特别惦记它们啥时候开花，秋末则想去尝尝它们美味的果子。

宁波本土野生的四照花，是落叶小乔木或灌木，但这里的四照花是常绿的，为人工种植。不管落叶与否，二者果子类似，都是荔枝模样，故宁波人称之为"野荔枝"。

昨日有暇，忽然想起这个时候该吃四照果了，于是一大早驱车前往。鄞州东下高速，至东吴勤勇村，进入大盘山的山间公路。节气虽然立冬，但草木绿意依旧，亦有不少黄叶堆积在马路两边。路上车少

223

柳杉

杜虹花

紫花香薷

人少, 偶然见到村民赶着一群山羊在路上慢慢走着。

　　一个人在山间自由自在行驶, 邂逅好风景, 随时停车欣赏。车越旋越高, 人已在群山之上。回头远望, 太白湖像一块长长的美玉, 静静地卧在青山之间, 附近白墙黛瓦人烟密集所在, 是古老的天童村。

　　群峰高低错落, 连绵不绝。近处的泡桐硕果累累, 芒草在微雨中轻轻摇曳, 杜虹花枝间缀满了一簇簇紫色的小珠子, 蜜蜂在紫花香薷牙刷般的花间忙碌。大吴风草的一片明黄, 在胎生狗脊和竹子之间特别显眼。自然万物都是一幅活泼泼的模样。

　　过弥陀寺不远, 水泥路没了, 前面是坑坑洼洼的泥石路。车子行驶在高低起伏的路面, 摇晃得厉害。放慢车速, 让车子平稳一些, 同时也便于搜索道路两边的目标物种。开出去很远, 来到半山腰一个开阔处才停下来。一路上既没有看到一颗四照果, 也没有看到一串五味子。

索性停车熄火，打着雨伞，背着相机，在森林间随意走走。一阵云雾飘来，周围瞬间变成了迷雾森林，一切都朦朦胧胧，似真似幻。

　　无人的山野，如此静谧。我停下脚步，静听大自然的天籁。此刻最响亮的声音，是雨滴打在雨伞上的噗噗声，不时还能听到秋风拂过森林的阵阵松涛声。眼见着一片落叶掉下来，似乎也掷地有声。再仔细听听，还有秋虫此起彼伏的呢喃声，不过分贝比夜晚要低不少。

　　路边的三脉紫菀，稀稀疏疏开着。腺梗豨莶那线状匙形苞片上，长满了亮晶晶的腺毛，把小花打扮成一个可以旋转的电风扇。抬头看时，鹅掌楸的叶子或黄或焦，像是被风吹日晒消磨日旧的褂子，一件件挂在枝间无人问津。雨滴好似一颗颗水晶珠子，在柳杉、松树、杉木的叶尖处闪闪发光，忽然明白了苏轼词中的"珠桧丝杉冷欲霜"，原来是这等景象。

　　雨时停时下，森林或明或暗，俄而雨止云散，林间一切又清晰起来。忽然感觉握着相机的手掌有点痛痒，难道挂到啥钩刺了？摊开一看，原来是一只细小的山蚂蟥，正在贪婪地吸血。我一把揪下，把它扔在有点烫的引擎盖上，看着它慢慢烫死最后不动。这么冷的天气居然还有山蚂蟥！赶紧检查一下双脚，袜子上边的腿部居然还有一只小坏蛋，也有点叮破皮了，好心情一下被它们惊扰得无影无踪。

　　调转车头往回走。半道上，迎头看到几棵四照花树，居然还三三两两开着花，估计是前段时间秋老虎给它们的错觉。我下车拍花，一抬头，发现树的顶部居然还有不少红果点缀在绿叶之间。难怪我来时看不见，这些果子长得实在太高了。低处的四照果估计都被人采光

大吴风草

腺梗豨莶

鹅掌楸

杉木

秀丽四照花

秀丽四照花挂果

秀丽四照花果实和南五味子

了，只有高处的果子，要么自然落下，要么慢慢被小鸟吃完。

此行目的之一，就是品尝它们。可它们高高在上，怎么才够得着呢？跨过沟坎，来到坡上的树边，发现几棵树又细又高，试着摇晃了一下，雨水哗啦落了我一身，顺带着也有几颗果子掉下来，连忙跑过去捡拾，却发现很多果子都摔碎了。原来四照果和熟柿子一样，皮薄不经摔。

怎么办呢？我忽然想到一个好主意，把伞撑开，倒置在树下，继续加点力气摇动树身，果子噼里啪啦往下掉，经过伞面缓冲，果子基本完好，掉在其他地方摔裂开的，我就当场吃掉。四照果吃起来又糯又软，又甜又香，味道好极了。虽然它们的外形有点像野荔枝，但是细品其滋味，却和四明山的吊红更接近。

隔着森林，依稀听到人群嬉闹的声音远远传过来，难道有人在水库那边玩耍？我走进林间一条小路，想去看个究竟。没走多久，就看到三串淡红色的南五味子静静地挂在藤间，颜色如此鲜亮而美好。幸福来得太突然，两个目标居然全部实现，被两只山蚂蟥叮咬也算值得了。赶紧拍照留念。然后轻轻摘下一串，另外两串留给鸟儿们。

回到车边，用一个小盒子把那些完整的四照果和五味子一起装好。急急回城，我要和家人一起分享这最新鲜的山野秋味。

王爱山一日，
可抵红尘半年

⊙ 2022 / 11 / 06

⊙ 宁海县岔路镇王爱山

⊙ 小山

"一进山，秋色扑面而来，太美好了！"

一树树红叶不时在车前闪现，副驾驶座上的三哥情不自禁地欢喜赞叹。

11月6日八点，我们一行四人，自宁海南下高速，与黑哥、钱塘、花精林夫妇会合，自桑洲岭头进山，驶向海拔897米的王爱山最高峰望海尖。

山路两边，多乌桕，亦多枫香、盐肤木，均为江南秋色叶之主力树种。此季的山野，被它们点染得斑斓多彩，秋意灿然！

王爱山在宁海西南边缘，典型的高山台地，清溪、白溪流淌在其南北，东为平原，西即天台，原为王爱乡，后并入岔路镇，是古时进出天台山的主要通道之一。

游圣徐霞客曾两次自此前往国清寺、华顶山。翻开《徐霞客游记》，第一页就是关于王爱山的精彩文字：

"四月初一日。早雨。行十五里，路有岐，马首西向台山，天色

渐霁。又十里，抵松门岭，山峻路滑，舍骑步行。自奉化来，虽越岭数重，皆循山麓，至此迂回临陟，俱在山脊。而雨后新霁，泉声山色，往复创变，翠丛中山鹃映发，令人攀历忘苦。又十五里，饭于筋竹庵。山顶随处种麦。从筋竹岭南行，则向国清大路。"

　　万历四十一年，即 1613 年，徐霞客自宁海出西门，前往天台。一路都在山脚骑行，到了王爱山，才开始下马步行。虽攀历辛苦，然此地杜鹃盛放，麦苗青青，雨后初晴，泉声山色，令游圣心情舒畅。

　　四百年后，我们重游此地，已是路宽车畅，游圣辛苦半天才到达的筋竹庵，高速口过去只需半小时。车行山间，景随弯转，壮丽山色如画卷般展开。朝北看去，宁波人的"大水缸"白溪水库，像一条巨型碧龙，静卧在远处的层峦叠嶂之间。

浙江獐牙菜

獐牙菜

232

同样是山，但因地形、位置、海拔不同，草木也各有特色。王爱山就有很多他处看不到的植物，比如浙江獐牙菜。

在宁波，龙胆科獐牙菜属植物主要有三种。最常见最漂亮的是獐牙菜，很多地方都有，我甚至在湖北神农架也遇见过。比较少见的是美丽獐牙菜和浙江獐牙菜，美丽獐牙菜至今没见过，浙江獐牙菜只分布在宁海，曾在龙宫见过一棵，当时是陈征海老师指给我看的。居群稍微大一点的，也就是王爱山路边的一个小山坡了。

2019年国庆期间，曾和黑哥来这个小山坡探访浙江獐牙菜，却只是花苞。这次来得正好，正处于盛花期。我们像小蜜蜂一样，一棵一棵拍过去，生怕错过了状态最好的那一棵。

獐牙菜属的属名 *Swertia*，是为了纪念16世纪荷兰植物学家 Emanual Sweert，而獐牙菜的中文名则是因其根细细长长，像獐的牙齿。浙江獐牙菜与獐牙菜之区别，主要有二：

最显眼的区别是身高。獐牙菜植株高大，可超过100厘米，而浙江獐牙菜，大都是50厘米以下，这片居群有的还不到20厘米，特别玲珑可爱。

最大的区别是腺体种类不同。浙江獐牙菜为腺窝，位于花柱之下，其腺体凹陷，构成蜜囊，边缘常覆以流苏。而獐牙菜是腺斑，位于花瓣的中部，平坦，无流苏，黄绿色，每瓣两个，在辐射状花瓣之上连成一个断点的圆，再搭配那些深紫色的斑点，堪称整朵花的点睛之笔，让獐牙菜的花瞬间清新精致起来。

腺窝和腺斑虽位置形状不同，其最主要功能，都是蜜腺分泌，吸引昆虫来吸食，腺体附近的花粉沾于昆虫身上，在它们忙碌来去之间，实现异花传粉，提升种群繁殖效率。

拍摄好第一个目标种浙江獐牙菜，我们继续前往望海尖。行驶到下大岙村附近，却发现道路关闭。既来之，则"刷"之，风光和生态如此良好的王爱，哪里不是看花地呢？我们调转车头，前往百丈丘村，由此徒步至山顶的王家坑村。

百丈丘村位于白溪上游一条支流边上，山深岙远，人迹罕至，静如太古。一路之上，只看到一位孤守村落的老人和一位山间放牛的老人。

秋风吹动树叶，流水在溪中潺潺，只闻其声不见其影的鸟儿，在林间田野唱出动人的歌谣。间或，对面高山之间传来一两声悠长的"哞——哞——"声。或许这里的牛都感觉到了寂寞，远远看到红红绿绿的我们走过山间，在高兴地和我们打招呼吧。

在小路边的竹林里，我们看到了第二个目标种五岭龙胆。这是我国华东、华南一带的常见种，但在宁波，似乎只分布于王爱山。新出版的《宁波植物图鉴》都未收录，可见其在甬分布范围的狭窄程度。

五岭龙胆盛花期在九十月间，国庆假期开得最好。如今大部分已凋谢。我们在林中细细搜寻，居然找到两处开花的植株，一处两朵花，一处四朵花。此花贴地而生，我们趴在地上，以半仰视的视角拍了很久，实在爱极了它们的美丽。

五岭龙胆最动人之处，是花冠上部那一抹纯净的天蓝色，尤其当阳光斜照在花朵之上，花冠似乎闪耀着蓝色星芒，一片幽暗的竹林都被它们点亮了。此花开得最好的时候，也只是含笑半展，像个羞涩的

五岭龙胆

双蝴蝶

美丽少女。

　　五岭龙胆附近，还有另外一种正当花季的美丽植物，即同科不同属的双蝴蝶，一种多年生缠绕草本。其基生叶通常两对，着生于茎基部，紧贴地面，密集呈双蝴蝶状，故名。这株双蝴蝶缠绕在一棵杉木上，同时开了十朵花，好像给杉木披上了一条洁白的花绶带，十分雅致。

　　当我还在拍这株双蝴蝶时，不远处传来花友们的嬉笑声。走过去一看，原来三哥发现了一株有二十八个花苞花朵的双蝴蝶。当天正好是花精林夫妇的结婚纪念日，大家纷纷建议他俩和这株双蝴蝶合个影，以示吉祥如意。他们欣然从命，大家的相机快门声响成一片。

　　我们顺着狭窄山道拾级而上，道旁有很多石头垒砌的梯田，如今已撂荒多年，不少田地都被植物占领。此间印象最深的植物有两种：一是石间的晚红瓦松，一是地里的狼尾草。

晚红瓦松　　　　　　　　成片的狼尾草很像麦田

　　瓦松因多见于老屋瓦间而得名，是景天科一种生性比较强健的植物，在浙江只有晚红瓦松这一种。国庆陪父亲游绍兴的鲁迅祖居，一个屋顶的瓦缝之间，密密麻麻长了一大片。晚红瓦松在宁波很多地方的崖壁之间有分布。它们需要的土壤和养分不多，却能稳稳扎根于崖壁石缝之间，在相对贫瘠艰苦的环境下，开出长如狼尾的一条花棒来，实在是令人敬佩。

　　平时见到的狼尾草，多长在路边或车辙中间，此处狼尾草，却是一片一片的，把那些荒地都占领了，整体效果如同粉黛乱子草一样壮观，颇具观赏性。

　　我们欢笑着跑到狼尾草中间去拍大片，却不料，狼尾草种子上的芒刺钩衣能力特别强。一时间，护膝、袜子、棉质衣物上，全是它们的种子。玩闹五分钟，拔刺一小时，以后对它们，只可远观，不可亵玩。

再往上，穿过一片小竹林。来到山顶的王家坑村，看村中那一排百年以上的枫香、金钱松可知，这是一个历史悠久的村落。村中民宅新旧参半，少见人行，有点冷清。在村里拍到一只白颈鸦，花友们又增加一个新种，带着满满的收获，原路下山，打道回府。

王爱山之得名，据《王爱山岭头陈陈氏宗谱序》："后主之子封吴兴王者，被隋文帝灭国，甘心泉石，爱迁赤城筋竹岭头居焉。时人遂名其地曰王爱山。"此王即南朝后主陈叔宝庶长子陈胤，曾被立为太子，后被废。此说无其他文献印证，姑妄听之。

回来路上，我们开玩笑说，如此风光秀美、草木丰富的地方，谁能不爱呢？在心里悄悄称其为胡爱山，亦未尝不可。

太白山之秋

◉ 2022 / 11 / 12

◎ 鄞州区五乡镇太白山

◎ 小山

植物学是一门实践性很强的学科。要真正在植物分类学的海洋里有所收获，必须经常来野外，定点、持续、系统观察，才能得其一二。

鄞东太白山就是我的定点观察线路之一，今年已去过两次，均收获满满。4月16日，太白山春深似海，我初次发现了这条令人惊喜不断的马银花之路。6月5日，端午假期最后一天，我循着茶叶大盗罗伯特·福琼的步伐，再次来到山上，寻找改变世界铁线莲产业格局的模式物种毛叶铁线莲。

11月12日这次重游，目的就是观察这一时节的山野物候，欣赏太白秋色。

不同植物有不同的花季，错过就得再等一年；不同植物有自己的高光时刻，或花，或果，或叶，总有一种美好让它们在芸芸草木之中脱颖而出。这些美好，只有经常在山野行走的人，才有机会一识庐山真面目。

春华秋实，各种野果琳琅满目。秋天是用味蕾感知草木的季节。

路边有好多桃金娘科的赤楠，系蓝莓近亲，黑亮圆滚，小时候我们呼为"乌珠子"，没有乌饭果、地苍的时候，摘几把"乌珠子"塞嘴里，虽肉薄核大，也聊胜于无。

　　菝葜（bá qiā）科菝葜的果子红了，正是饱满的时候，皮酸瓤沙，味道正好，如果干了，就只剩下一层皮，没啥滋味了。

　　软条七蔷薇的果子难得一见，这里居然不少，红彤彤好诱人。吃过才知，这种果子皮坚渣多，微微有些酸甜，味道也一般。估计给鸟儿们充饥正好，它们的肠胃比我们强。

　　山间野柿子不少，光秃秃的枝丫之间，错落有致地挂着黄澄澄的柿果，几只白头鹎正在枝间吱吱喳喳呼朋引伴吃柿子。这些野柿子树高大挺拔，柿子摘不到，也难拍到高清大图。

　　可巧树下灌木上有一段带着叶子的果枝，估计是被大风吹断的。从叶子颜色上绿下灰白的特征来看，应该是浙江柿，又名粉背柿或者粉叶柿，宁波比较常见的一种野柿子。

　　拍照之后，捏了捏小柿子，软软的，剥开一个尝尝味道。刚入口，甜糯柔滑，和四明山的吊红差不多，但回味却是无穷无尽的涩味，舌头都有点麻了。难怪这些柿子没有人去摘。

　　平时认植物，多以花作为主要鉴别特征，当植物无花无果只有叶子的时候，辨识起来就好像猜谜语。比如说这棵长在高高崖壁之上的长叶冻绿，叶脉如此清晰，看起来有点像玉兰，但尺寸又小了一点。一开始怎么也想不起来这是什么植物，后来请教了陈征海、叶喜阳等著名专家，才敢确认。

赤楠 　　　　　　　　　　　拔葜

软条七蔷薇 　　　　　　　　浙江柿

长叶冻绿

　　山谷里看到一株小乔木，满树秋叶鲜红如血，如一位红衣仙子降临苍翠山间。我站在路边看了好久，大致知道是樟科植物，但太远看不清叶子上的脉络，无法定种。回到家里对着图片研究许久，并翻看了林海伦老师多篇文章，才找出答案，原来是红脉钓樟。其主要特征是离基三出脉，中脉中部以上具3—4对侧脉。

　　迷人的秋叶，还有不少。比如粗粗大大、梨形叶子叶色亮黄的，是天仙果。叶脉清晰，叶缘好似波浪，叶色有些焦黄的，是这里比较常见的白栎。因为枝头有一串微型南瓜状的小果，算盘子的红色秋叶是不会认错的。野漆或木蜡树都是奇数羽状复叶，叶色橙红，齐整而秀气，主要区别是木蜡树叶轴及叶柄密被黄褐色绒毛，细看眼前这棵树，枝条叶柄光溜溜的，无疑是野漆了。

　　秋季的山野，开花植物不多。路边随处可见的是三脉紫菀、陀螺

红脉钓樟 　　　　　　　　　　　天仙果

白栎 　　　　　　　　　　　　算盘子

野漆

茶   油茶花

紫菀、黄瓜假还阳参等菊科植物。

灌木开花且比较洁净素雅的，是油茶和茶。油茶在山路边很多，白花花的一丛一丛花开正盛。茶的花，无论花量还是单朵花，都比较含蓄一些。从尺寸上来看，油茶花也比茶的花要大一号，花瓣中间还有樱花那样的缺裂，茶的花瓣则为全缘，故二者很好区别。

一个人就这样行行走走，停停看看，一边观察体验，一边赏景拍摄，不知不觉就到山顶了！

山下蓝天白云，山顶居然变幻莫测。忽而风起云涌，忽而大雾弥漫，又忽而云开雾散。不承想，在这种650多米的小山坡，居然也能体会到高原大山那种山上山下两重天的感觉。

一路上，游人络绎不绝。有开车的，也有骑摩托车、自行车的，而说说笑笑结伴步行的徒步者最多。

我正在路上边走边拍，迎面遇见一张熟悉的脸，居然是我北仑老单位的同年张兄！山里遇见老同事，这么多年还是头一回。他从北侧步道徒步登顶，顺着这条公路下至明堂岙，再乘公交去取车，徒步18公里。

　　我俩站在路边聊了半小时。他去年也离开了老单位，平时喜欢在镇海、北仑的群山之中独自行走，这个爱好已经坚持多年了。

　　忆往谈昔，不胜感慨。遥想当年，我们还是初出校门的翩翩少年，转眼即将知天命，真是二十五年如电抹！所幸的是，我们依然如此热爱生活，如此沉迷于大自然。

秋归何处？
看取山间风物

⊙ 2022 / 11 / 13

⊙ 海曙区章水镇

⊙ 窗前

秋风暗换年华。不知不觉，已是十一月中旬。

周日，趁着难得的闲暇，我们前往皎口水库方向，去邂逅四明山的秋光。

从朝阳上高速，至洞桥下。行一段路，便望见一大片黄澄澄的稻田。它们和路边绿意葱茏的樟树、远处白墙黛瓦的房屋，以及天际朦胧起伏的群山，构成了一幅恬静悠远的乡间秋意图。

车至海曙区章水镇天象岩，左边是宽阔清浅的樟溪河，右边有碧绿的菜畦和蜿蜒的四明山余脉。此刻，绵延低矮的山坡上，满眼绿意中点缀着些黄，还有深浅不一的红。

江南的秋，总让人感觉有些淡。这些黄与红，点亮了山色。远远望去，群山如油画，却不过是在大幅的绿布上涂些或黄或红的颜料。这份节制与矜持，让赏秋的人欲罢不能，恨不得离这些黄与红近些，再近些，看得更真切些。

我们朝着山脚下几抹醒目的黄与红走去，在一幢厂房旁，看到了银杏和枫香。它们笔直地站立着，和山坡上的其他树种一起，营造成渐变的秋色，正是"数树深红出浅黄"。

沿荷梁线前行，来到因天象岩而得名的象岩村。村头有棵高大的柿子树，上面还挂着不少柿子。走近，发现很多鸟雀在树枝间叽叽喳喳地飞来飞去。"野鸟相呼柿子红"，脑海里飘出了宋代郑刚中的诗句。

小山马上拿来三脚架，将相机镜头聚焦在一根颤动的枝条上。只见两只鸟雀分立两侧，正在啄吃同一个柿子。原来枝头三个柿子，只有这个是熟透的。它们俯身啄几口，又不约而同起身，侧着小脑袋警惕地观望。

小山轻声说，这是领雀嘴鹎。我好奇地辨识着，它们的头部黑灰色，鸟身主要有橄榄绿色、黄绿色、颈部有半圈白色，好像系着白丝巾。

这时，另一只鸟忽然飞来，两只领雀嘴鹎一哄而散。小山解说道，新来的是白头鹎。咦，又是它！平日里听小山说，家门口的树上常有白头鹎。我曾远远地见过它们啄食樱花、梅花等，但对它们的外形和声音尚不熟悉。有时听见鸟鸣，小山考问是什么鸟声，我只猜白头鹎，竟然"蒙的全都对"。

我心里暗暗好笑，趁此良机，赶紧复习。白头鹎别名白头翁，镜头里的它，头顶黑色，枕部都是"白发"，喉部也是白的。它啄吃了几口柿子，昂起小脑袋，然后欢叫几声，轻快地飞走了。

接着，又飞来三只领雀嘴鹎。它们太不讲团结了！一来就互相对啄，鸣叫着、翻飞着争抢有利位置，最后赶走了两只，剩下的"霸主"美滋滋地啄食起来……

领雀嘴鹎

白头鹎

皎口水库大坝前的二球悬铃木黄了

黄连木

绿叶地锦　　　　　　　　　　　盐肤木

　　这柿子枝头，你方吃罢我登场，好不热闹！我们都看痴了。一抬头，望见象岩村的后山，山势较村口的更高，山色也更斑斓。楼房林立，人家全在画图中。

　　我们继续向皎口水库方向驶去。在大坝下方的斜堤上，几棵二球悬铃木黄得很有气势，隔水而望，风致楚楚。水库北线的山路上，临水的路边，黄连木黄绿相间，枫香一树绚烂。崖壁边，绿叶地锦垂挂下来，彩色的叶子着实可爱；盐肤木的果实上已结出盐霜，黄中带绿的叶子，叶脉历历可数。

　　最令我们惊艳的，是童皎村村口的一棵高大的檫木。从来没有在秋天遇见过这么美丽的檫木！它茂盛的树叶全红了，树干上爬满了经年的薜荔。远望，它如秋水伊人，一袭红衣，卓然独立于山水之间。

　　它红得热烈而庄重，如南方春日盛开的木棉。然而，它不是花，

是霜叶。它有杜牧"霜叶红于二月花"的明艳，又有王实甫"晓来谁染霜林醉"的迷人，更有张昇"风物向秋潇洒"的清气……

时有车辆路过，见我们在拍照，他们抬头看见这棵檫木，也纷纷停车欣赏、赞叹。离它不远处，还有一棵檫木，但树形不如它优美，红叶也已是稀稀疏疏。很幸运，我们见证了它秋日最美的容颜，一眼万年，见之忘俗。

赏罢檫木，我们愉快地踏上归途。就在这一路秋光里，被城市的车水马龙挤得皱巴巴的心，早已熨帖得如丝绸般舒展。

櫟木

秋尽江南果犹好

- 2020 / 11 / 28
- 鄞州区横溪镇
- 窗前

论节气，已是小雪后的一周了。北方不少地方已经下雪了，岭南万里晴空下的美丽异木棉还是一树繁花。而江南，在经历了近期的降雨降温后，也有了冬天的寒意。

11月28日，周六无雨，偷得浮生半日闲。我们早早出门，驱车前往鄞州区横溪镇栎斜水库，经龙王庙，顺着山路探访草木。这是一条偏僻的古道，天冷更是少有人行。此时的山野很安静，风越过山谷时，耳畔沙沙作响。

这样微寒的风，最是催得叶落归根。放眼望去，除了常绿树种，群山已减弱了之前的五彩斑斓，增添了萧瑟寂然的灰色调。原本茂密的树林，也变得通透起来。突然觉得，人生不同阶段，正如草木四季，中年便似这空旷的树林，一地逝去的光阴，却也收获了栉风沐雨后的从容淡定。

这时的路边、山坡上，最引人注目的是山鸡椒（又名山苍子树），黄绿相间的树叶随风而舞，点染着山色。它们枝条上细小的花苞，将

凌寒孕育，并在来年二三月间绽放。每次遇见花苞，我们总喜欢摘几个揉一揉，闻闻樟科植物特有的清香。

秋意阑珊，山花渐行渐远，但匆匆半日，仍有秋果堪赏。

几年前，小山曾随花友庄主来过这条山路，看到过不少五味子，故此行也有所期待。有趣的是，虽然小山一路牵挂，我们全程却没有看到一个五味子。取而代之的，是山路两边随处可见的寒莓。它们成片地匍匐在地上，果实红得诱人，我们品尝一二，不料在山回路转中，又一再相逢，简直是一趟"寒莓之旅"。

刚到山脚下时，看到路边一棵光秃秃的植株上结着狗尾巴草似的果实。小山说，这是白背叶。白背叶是大戟科野桐属，因其叶子背面灰白色而得名。我该是见过它枝繁叶茂花盛的样子，此刻却如初见。一季有一季的姿态，这也是大自然的魅力所在。细看这一串串果实，

寒莓　　　　　　　　　　　　　白背叶

有的爆开后露出黑黑的种子，它们是在等一场风吧。

　　途中，我们遇见了一大丛紫珠。紫珠是马鞭草科紫珠属的灌木，因小果紫色如珠得名。这丛紫珠枝条披拂，叶子几乎掉光了，果量特别大。每颗果子直径约2毫米，它们像化学分子结构模型般，一簇簇团在枝头。

　　我还第一次认识了山油麻。它绿中透黄的互生叶，整齐地排列在枝头，叶柄处簇生着很多红色的小果子。《中国植物志》载，山油麻是榆科山黄麻属，其功能用途："韧皮纤维供制麻绳、纺织和造纸用，种子油供制皂和作润滑油用。"

　　一路上，我们还见到了枫香、苎麻，它们的果实是黑色的。鸡矢藤的果子杏黄色。土茯苓的小果如绿珠在帘，小部分成熟的已是紫黑色，细看这些精致的小圆果，与众不同的是，上面有一层粉霜。

紫珠

山油麻 　　　　　　　　　苎麻

鸡矢藤果 　　　　　　　　土茯苓

求米草

　　这条石头铺就的山路有些坡度，也许因为雨水浸湿后新生了苔藓，加上山间枫香树叶的零落铺陈，脚下很容易打滑。近中午下山时，我们走得更小心。低头看路，突然发现我们的裤腿上不知什么时候粘了那么多种子！不曾拈花，倒是"惹草"啦。

　　小山笑说，这是求米草，花友们戏言"求求你给点米吧"。我笑道："这米给得也太多了！"之后，再观察离山路最近的求米草，发现"米"都快赠送完了。原来求米草利用种子顶端的分叉，牢牢钩住附着物，让走过路过的人畜为它们"带货"呢。要清除种子，必须连分叉一起拔出。呀，求——米——草，求两个人、四条裤腿"惹草"后的心理阴影面积。

　　想来，这也是我们与草木相知的另一种特别方式。

山野又清秋

⊙ 2021 / 11 / 27

⊙ 鄞州区东钱湖镇洋山村

⊙ 窗前

十一月底的甬城，淡淡寒意，浓浓秋光。

周六，趁天气晴好，我们随花友去山中漫游。经东钱湖至洋山村，走大嵩岭古道，过福泉山茶园，再回洋山村。翻山越岭，环线十余公里，共两万多步。

很久不曾远足，走完全程，只觉人似手机般，电量几乎耗尽。回忆途中见闻，想起杨万里诗云"秋气堪悲未必然，轻寒正是可人天"，欣欣然，觉颇有共鸣。

印象最深的是东钱湖的晨雾。东钱湖堪称宁波人的后花园，其春花秋月、湖光山色之美，难以尽述。当我们途经东钱湖时，瞥见湖上白茫茫的，便前往一观。

站在湖边远眺，对岸的群山只能看出大致轮廓，一排白色民居，长长地镶嵌在山与水之间，如张岱《湖心亭看雪》之"长堤一痕"。近处湖面如镜，天上厚厚的云层倒映在水中。两只白鹭振翅飞过，穿越这朦胧的湖面，不知所踪。

钱湖风光（三哥／摄）

　　之后才发现，花友三哥拍下了一张风景照：湖天一色中，阳光投射在湖畔一棵光秃秃的树上，不远处是痴望着湖面的我。

　　一年将尽，又是清秋。与北方的秋的浓墨重彩相比，江南的秋实在有些矜持。此时行走在山间，见到的大多仍是绿色的背景，只盆景似的，这里一棵那里一丛饱满的秋色，其余则小规模地点染着斑斓的色彩。

　　然而，只要留心去观察，就会发现每一种草木，都没有虚度秋光。它们正用自己的方式，向清秋致意。

　　一路上，芒是最常见的。它们高高低低地生长在路边，无论是在阳光下熠熠闪光，还是在秋风中默默摇曳，总能引发人们关于秋的婉转动人的诗意。

芒

胡颓子

络石果实

接骨草

　　我们邂逅了一丛开花的胡颓子。儿时只关心它的果实是否成熟，这是我第一次注意到它们的花。原来，胡颓子的花像吊钟，萼为圆筒形，白花上密布着不少锈色。

　　有的地方称胡颓子为"羊奶子""牛奶子"，我的老家俗称"猪婆奶子"。至今仍记得它的果实椭圆形，成熟时棕红色，吃起来甜中带着酸。

　　最令我惊讶的是络石的果实。络石又叫风车茉莉，我曾经多次见过它们瀑布似的小白花，没想到它的果实却是蓇葖双生，叉开，线状披针形。终于认识了它的果实，一时间，仿佛见证了络石的前世今生。

　　此时山中有不少红果子，其中，接骨草的果子别具特色。它们小巧玲珑、果量众多，颜色有红、有黄、有绿，形成了独特的渐变色。

　　山中漫步，见到了诸多草木的秋，上述不过择其要而记之。

　　人生一世，草木一秋。山野又清秋，意味着冬天近了，新的一年也近了。

荻花风起醉流年

⊙ 2021 / 12 / 04

⊙ 鄞州区横溪镇观音岭

⊙ 窗前

周六。融融暖阳，冉冉秋光。

驱车过鄞州区横溪镇金鹅湖，见山水相依，微波荡漾，湖边一大片荻花随风摇曳，别有诗情。

花友一行四人，兵分两路，小山前往金峨寺探秋，丁香和我随三哥登团瓢峰。

从观音岭迤逦而上，穿林间小道，沿山脊线，翻过几座山，顺利登顶团瓢峰；下山时，经观音阁，过茶园，至车岭庵，花友庄主开车前来接应。全程徒步逾8公里，空气清新，偶有微汗，着实惬意。

每次山中清游，都能收获不同的趣味。在观音岭古道边，一棵樟树上挂着标识牌，正欲擦肩而过，突然发现是李清照《怨王孙》中的词："水光山色与人亲，说不尽、无穷好"，下面一行小字是温馨提示。

此处秀山丽水，禅意深深，正合词中意境。制作者竟有这样的用心和诗心，不禁叹服。

今年六月时，我们曾惊艳于南五味子蜜蜡似的花朵。丁香期待此

荻花

行能品尝到南五味子。我笑道，只要路边有，就逃不过三哥雷达般的眼睛。

果然，三哥不久就摘得一个颗粒饱满滋味清甜的南五味子！三人分食、拍照，不亦乐乎。

深秋初冬，不少树木繁华褪尽，于不动声色中，孕育着新的生机。

这些树种中，有不少鹅掌楸。鹅掌楸又叫马褂木，是木兰科鹅掌楸属，模式标本采自江西庐山。春天时，它们绿中泛黄的花色，精巧如杯的花形，令人想起李白的"兰陵美酒郁金香，玉碗盛来琥珀光"。

这是我第一次拍到鹅掌楸纺锤形的聚合果。此刻，它们高高地点缀在枝头，端庄静美。我在地上捡到一个果实，里面的种子大多飞走了，轻轻一碰，萼片状的外轮也掉了。

鹅掌楸的花

鹅掌楸的果实

金钱松

夫妻树

松果

　　一路前行，我们还欣赏到不少细节之趣。

　　山中有不少金钱松，我们行走在松软的落叶上，看阳光下交错纵横的枝丫，在蓝天的画布上自由如风。

　　两棵夫妻树，扎根在山坡上，如舒婷《致橡树》诗中所言："根，紧握在地下，叶，相触在云里。"

　　几个浅咖色的松果掉在地上，似花朵般优雅，与周围的落叶色彩十分和谐。

　　中午在庄主家用餐时，回忆起去年"拈花惹草部落"五周年，一群来自天南地北的花友们曾在这庄园里欢聚。转眼间，已是六周年！

　　大家畅想着，待"拈花惹草部落"十周年时，最好能有一套丛书，内容是：那些年，我们一起爬过的山、看过的花。

　　流年似水，长恨心绪总被风吹去。于是，在时间的缝隙里，以此拙笔，略记一二。

金峨寺秋色

⊙ 2021 / 12 / 04

⊙ 鄞州区金峨寺

⊙ 小山

　　周六阳光灿烂，微风轻寒，正是看花观果赏叶好天气。和几位花友来到鄞南横溪的团瓢峰山脚之下。我们在金峨寺东南门口分道扬镳，他们三位去征服高山，我一个人去看金峨寺的秋色。

　　相比于天童寺一年四季游人如织摊贩相连的热闹非凡，唐代名刹金峨寺显得寂静清幽庄严肃穆多了。

　　时间充裕，心情悠闲，正好慢慢看，细细赏，用心拍。金峨寺秋色的主力品种是枫香树，形态各异的古树遍植寺院内外，其中400年以上树龄的古树最多，它们构成了金峨寺深秋初冬斑斓的基本色调。

　　此时的枫香树，因为树龄、方位、水分等因素影响，树势不尽相同。有的叶子已经落了一半，遒劲古朴的枝丫伸展在天地之间；有的还是繁叶满树。大自然用橙黄或橙红的巨大色块，在蓝天白云之下，在殿阁楼台之间，在葱茏青山之前，画出一幅幅动人的壮丽画卷。

　　带着一个植物爱好者的视角逛寺院，会发现大自然或者历代大德在树木配置方面的一些巧思。

喜树 喜树

　　东南门一进来，当头就是一棵树干挺拔高耸入云的喜树。不知这棵树是人工种下的，还是飞鸟衔来种子萌发的。反正这棵树种在这里，真是太合适了，暗合"开门见喜""抬头见喜"之意，与天王殿配置弥勒菩萨有异曲同工之妙，都是喜迎四方来客，故此这棵树也可以说是"迎客树"了。

　　金峨寺群山环拥、坐西朝东，往东看过去，就是巍巍大梅岭。"入三摩地"牌坊面前，是一个大广场。北侧有一条溪水，自西向东淙淙而下，至广场区域，溪水转入地下变成暗溪，但上面那几棵古老的枫杨树，却无声地告诉我们溪流的方向。枫杨树是水流传播种子的树木之一，在宁波很多山溪两岸或者溪流之中，枫杨树都属于常见树种。此地亦然。

　　大雄宝殿之后，是一个植物比较密集的地方。一出门，就是两棵

枫香树

南方红豆杉树，绿叶之间，果实累累，火红一片。一直喜欢透过红红的果枝，拍墙上的书法，或者大殿上的匾额，这样的图片，很有故事感，且禅意十足。

借助一些古建筑的亭台楼阁、飞檐翘角，白墙黛瓦、瓦当滴水，甚至佛像石狮来拍花草树木，体现一种厚重与轻盈、沉郁与活力、肃穆与鲜艳的强烈对比，这是拍摄草木图片颇为有效的技法之一。就比如枫香树下，因为有了这两尊威武雄壮的石狮子，整个画面就鲜活生动起来了。

正在拍南方红豆杉，有游人问我拍的是什么。我告知其结果。她说她家人拿这个泡酒喝。我有点诧异，因为红豆杉本身是有毒的。其对于提高人体免疫力有功效的，是树皮之中的紫杉醇，但必须通过高科技手段才能提取出来，并且严格按照医生指导来服用，才能达到一

定的治疗效果。拿红豆杉的种子来泡酒喝，实在是一知半解的误信误传，有可能引发中毒，类似事件媒体早有报道。我建议她告知家人最好不喝这种酒，毕竟没有必要拿生命去冒险。

　　大殿的左后方，有一棵四季常绿的小树。此树非常适合配置在寺院，因为它的俗名就是"佛光树"。此树模式标本采自海天佛国舟山，其春天萌发的嫩叶，密披金色绒毛，好似给绿色树冠笼上了一层金色。微风吹来，树叶在阳光下金光闪闪，故有此名。

　　其树中文名是舟山新木姜子，因为分布狭窄，繁殖不易，在国家新旧两版的《国家重点保护野生植物名录》中，都被列为国家二级重

舟山新木姜子   扶芳藤

点保护野生植物。此时花期将过，红果子稀稀疏疏，能够同时看到花
果叶，倒也十分难得。中午在庄主地方吃饭，聊起这棵树，才知此树
原来是他栽在这里，看来还真得懂行的人执其事，才会这么妥帖。

　　顺着台阶拾级而上，穿过蒋介石原配夫人毛福梅曾经住过 8 年多
的禅房，来到后山。这里也有好几棵 400 年以上的枫香树，此时正叶
色橙黄，新鲜饱满，明艳动人。

　　巨大挺立的古树之下，一位志愿者正给一群禅修学员讲解何为正
信的佛教，推荐他们应该看些什么书，问与答、教与学非常生动。古
树无言，众人投入，此情此景，真是妙不可言。

　　溪边一棵古樟树上，爬着一种常绿藤本植物，是我颇为喜欢的扶
芳藤，卫矛科卫矛属一种名字好听姿色清雅的草木。它们最好看的时
候，不是花期，而在果期。球状蒴果成熟后，光滑的果皮会裂开反卷，

露出其中鲜红色的假种皮，绿叶与红种既是一种十分和谐的色彩搭配，也让种子从绿叶丛中凸显出来，吸引鸟儿来啄食，从而把种子传播四方，实现种群扩张的目的。

小溪再往上，就是寺外公路了。山上翠竹千竿无风自摇，只有溪谷之间长了一些杂树。毛花连蕊茶正绽放着洁白的花朵，它们是这个季节为数不多的开花植物之一。我顺着公路往下走，再次进入金峨寺。顺着北侧这条溪水往上看，有好几棵霜叶灿然的参天大树矗立在溪边，一棵是枫香树，还有一棵叶子更细碎一些，远远地辨不出是什么树。

走到树下，抬头看叶子。叶缘有圆齿状锯齿，侧脉平行，原来是一棵榉树。一侧还有一个铭牌，显示这棵榉树已经 168 岁了。这棵老榉树负担还不轻呢。抬头，可见橙红色的秋叶之间，有一大团绿色夹杂其中。顺着树干可以观察到，有四五股粗壮的常绿藤本纠缠而上。折断一片革质绿叶的叶柄，乳白色汁液马上涌了出来，显然是一种桑科植物，但不是薜荔。因为没有看到果实，也不能确定是什么植物。

我拍下它们叶子的正反面以及叶柄、小枝上的褐色长柔毛等识别特征，回来查植物志，在爬藤榕和珍珠莲之间不能决。后来请教陈征海、叶喜阳及吴东浩等老师，最终确定是珍珠莲。这也是一种瘦果水洗可制作凉粉的植物，归属于薜荔榕系薜荔榕组，和薜荔是一个大家族。珍珠莲名字的来源，估计与榕果大小有关，薜荔的俗名叫木莲，果实比较大，可比鸭蛋；而珍珠莲的榕果，我在象山老虎穴曾见过，只有小番茄那么大，所以叫作珍珠莲。

榉树

银杏

　　一个人走走看看拍拍，三个多小时不知不觉过去了，手机的电快用完了，相机的两块电板也即将耗尽，这时才觉得肚子有点饿了，得去和爬山的花友们会合了。

冬日走过山间

◎ 2021 / 12 / 18

◎ 鄞州区东钱湖镇岭南古道

◎ 小山

冬至了,数九寒冬真要来了。不过,对于跟着草木走过四季的植物爱好者来说,寒冷挡不住我们刷山的脚步。相比于春夏时的百花争艳、万物繁盛,冬日山行也别有趣味。

阳光灿烂天气清寒的周六,我们一行七人前往东钱湖的岭南古道。此处之"岭南",应指韩岭之南。古道以碎石铺成,镶嵌出各种图案,颇为精致,据说是为方便信徒去山上朝拜十方云南寺而建,每日有义工辛勤打扫,道路干净整洁。

江南的冬天,不似北方那样万物萧索一片荒凉,感觉更像四季的混合版。山野的总色调还是绿色,但绿色之中却夹杂着大大小小的黄色或红色色块,那是落叶树种或者芒荻给山野涂上的暖色调。

当然,在少数地方,因人工的作用,也会形成一些吸人眼球的大片斑斓场景,让江南人可去小规模荡气回肠一下,算是过足秋瘾。比如四明湖、三溪浦的池杉林,茅镬村的古树群,唐田村的金钱松,都是人们纷纷打卡以至于交通堵塞的地方。

半山腰上可以看见三江口

青冈

岭南古道上人不多，是个闹中取静的所在。站在半山腰土地庙边的观景平台上远眺，近处是井然有序的韩岭村，村外就是浩渺的东钱湖。湖尽头的小山外，隐约有一片繁华，中有一楼鹤立鸡群，那是宁波三江口第一高楼，249米的宁波塔。这里看得见繁华，却和红尘隔着一段距离，转身即是山野。

此时的山间，比起春夏，可以看到更加丰富的物种生命阶段，萌芽、开花、落叶、结果的植物都有，虽然比例不一，但在这一季集中呈现。

青冈露出了尖尖的芽苞，覆瓦状排列的芽鳞片上泛着金属般的光泽，如此精致。山鸡椒、老鼠屎的花苞已非常饱满，随时等待着春姑娘的消息。

道边的光亮山矾相比其他地方，更粗壮，更高大，居然长成了小乔木的模样，它们正在含苞待放，有些还开出了精致的小花。搞错季节的杜鹃花，间或出现在林中，它们的紫红色，是此刻山间最浪漫的颜色。

继续往上，是一片茶园。看得出来，这是一片很久无人打理的茶园，不过茶树却免去了被剪被摘的命运，自由自在地生长着。穿出茶园，是一条宽阔的土路，左拐直走可以回到起点。我们希望看到更多风景，便走进了对面的一条林中小道。

这片森林，是落叶树和常绿树的混交林。常绿树多是红楠、青冈之类，落叶树种以枫香树、檫木为主，各种形状的枯叶铺了一地。冬日山行，完全不必担心蛇虫山蚂蟥之类，它们此时都冬眠了，我们可以放心大胆地走。

快走踏清秋。双脚踩在落满厚厚树叶的小道之上，既柔软又皮实，比起硬邦邦的水泥路或者石子路，走起来要舒服多了。在这样的山腰平路上走，除了自己的脚步声和伙伴们的轻微交谈声，只有微风拂过树梢的沙沙声。林子里既安静又清幽，走多久都不会感到太累。山行是一种享受。

阳光从枝丫间透射下来，打在小道的落叶上，也把道边的各种蕨类照得透亮。蕨类是个大坑，至今不知如何下手，但狗脊是比较容易认识的，它们的孢子囊群以叶脉为中线呈八字状排列，就像是黄狗的背脊。还有红盖鳞毛蕨，曾经请教过，现在也认识了，它们的二回羽状复叶密集整齐却很生动，是典型的蕨类植物的式样。

抬头看蓝天下的枫香树，叶子几乎掉光，生命的筋骨和脉络却如

枫香叶 狗脊

红盖鳞毛蕨

此清晰，少许坚强的叶片继续留在枝头，有红有黄、有橙有灰，不多的几个叶片，颜色却如此丰富多彩，实在令人惊艳。与满树秋叶那种高饱和度的颜色相比，我倒更喜欢这种留白的简洁与明亮。

在曲曲折折的林间小道走着看着，不知不觉就下得山来，到了一处开阔谷地。在冷水坑水库坝上喝点水吃点东西，休憩片刻，又顺着大道继续往下走。

在没有花没有果的季节里，看叶子认植物就像猜谜一样有趣。道旁有一棵小树，枝头的红叶被阳光照得通红，一下子吸引了我们的目光。这是啥呢？木蜡树？黄连木？名字一个个列出，又一个个被否定，最后只能拍下照片回去比对植物志或请教老师，答案却是臭辣树，《中国植物志》里叫作楝叶吴萸。很开心又认识一种红叶植物，而且知道它就站在路边，下次可以来拍它开花结果的图片。

当大路换成田间小路的时候，我们得左拐了，顺着横街岭墩的方向行走，才能拐回起点。三五个农人在地里忙碌着，菜地里经霜的青菜绿油油的，让人看着特别有食欲。

跨过一条小溪，农田就在身后了，我们穿行在一条箬竹疯长的山路中间，路都被遮住了，只能像在水里分开水路一样拨开箬竹，艰难前行。路的左手边是一条山溪，水质清澈洁净，绿叶披拂的石菖蒲在水石之间生机盎然。溪水中间和两岸，长着不少上了年纪的枫杨树，有的整树被人锯倒，有的巨大枝干被截去一段，难道是老树生病了？

这里有几株常春油麻藤非常壮观，少说也有四五十岁的树龄了，其中一株枝干比碗口还要粗，已经由藤变成树了，它往上变成两股，

棟叶吴萸

石菖蒲

283

常春油麻藤果荚　　　　　　　常春油麻藤种子

分别攀在两棵樟树上，香肠般的豆荚密密地垂在枝干上。另外一株则和几棵枫香树缠绕在一起，爬到树冠之上，并且开枝散叶，把好几株枫香的树冠都占领了，其铺散开来的三出复叶，硬是把几棵落叶树打扮成了常绿树。

　　只有在冬天的落叶树上，才能看出常春油麻藤的强悍，否则像香樟那样的常绿树种，二者的叶子混在一起，根本看不出油麻藤也攀在树顶之上。收集种子是冬天刷山的乐趣之一。我们摘了一些豆荚带回家，剥开，里面是巨大的豆子，黑乎乎的像放大版的围棋黑子。侧面看，中间有"缝合线"，看起来又像一个个小黑包，非常可爱。

　　跨过横街岭，绕过钱湖柏庭，拐进一条遍是芒草的小路。阳光灿烂，芒草轻摇，那是秋日最动人的景象之一。一群着各种颜色冲锋衣的刷山人走在稻黄色的田野中，寂静的山野瞬间生动起来，天地人的搭配如此和谐美好。再弯过一个小山坡，穿过一条落满松针的山道，绕过一片青青竹林，我们的岭南古道之旅就圆满结束了。

如果要推荐一个离城较近、生态较好、强度中等、里程适宜的刷山环线，我会推荐我们走过的这条路。

线路：导航"岭南古道"，停车场停好车，上古道，过岭南殿、云南寺、冷水坑水库、横街南，回到起点，全程一万六千步左右。

若欲得奇趣，
闲登老虎穴

⊙ 2021 / 01 / 01

⊙ 象山县爵溪镇牛丈岙村

⊙ 窗前

　　2021 年元旦刷山，是随花友们去象山老虎穴。此行感受最深的是奇趣。

　　老虎穴海拔 300 米，据说是目前象山境内最险要的探险游步道。那日风清气寒，暖阳相伴。十位花友分三辆车抵达爵溪牛丈岙村口，近九点开始跟随象山花友张工、吴哥刷山。下午两点多，当我们叹为观止地回到起点，再细看路边广告牌上的线路图，发现我们走的只是其中一条 4 公里小环线！

　　老虎穴之奇趣，首先在于奇石。

　　刚入山谷，就看到各种巨石。它们堆叠倚靠，形成不少洞穴，正可遮风挡雨。大概当年老虎们曾在此藏身，故名老虎穴。旁边山坡上也有不少巨石，它们或高或低，铺排得全无章法。当我们以为要绕道而行时，象山花友说，春天走其他环线看花，冬天可顺着岩石上山。

　　张工轻巧地跳上一块巨石，准备接引我们，吴哥则负责殿后。花友们一阵骚动，又是感叹，又觉新奇，纷纷收好相机和登山杖，互帮互

远眺（虎头）

助开始攀爬。我心想，莫非这是登顶老虎穴的"下马威"？

岂料，闯过"巨石阵"，还有半山腰的"岩石坡"。这些大片裸露的岩石，因长年累月的侵蚀，密布着细小的坑坑洼洼。吴哥说，现在适合攀爬，如果长有苔藓或者下过雨，就不安全。张工一再提醒，安全第一，爬坡时务必降低重心。

如果说之前花友们还能基本保持直立行走，此时却只能手脚并用了。这真是一种回归式的体验，感觉孩童时的爬行功夫，此刻全都派上了用场！大家小心翼翼，却又忍俊不禁。

山顶及周边的灌木丛中，也零散地分布着不少奇石。其中一块巨石如船，似欲扬帆起航，却搁浅在岸边；另一块巨石似舰，咬合着下方如榫卯般的巨石；还有三五块巨石，垒叠如山，巍巍可观。而面向东海的山坡上，两块巨石状若神龟，一只像要俯冲入海，一只却似刚从海里爬上来。

磐石方且厚，可以卒千年。它们见证了老虎穴沧海桑田的变迁。站在平缓的巨石上远眺，群山连绵，静默如昔。燕山水库，青碧如玉。远处是爵溪的人间烟火，还有海中的诸多岛屿。

想起张昱《磐石吹箫图》："宰相五更朝，金鞍拂柳条。何如磐石上，散发坐吹箫。"若于此处闲坐，临海凭风，一袭白衣一支箫，数盏清茶半卷书，便风雅若仙了。

老虎穴的另一番奇趣，在于草木。虽然整座山多为岩石，但植物从有限的空间里生发出来，处处树林阴翳，藤蔓披拂，杂草丛生，给人以英姿勃发之感。

链珠藤

印象最深的是攀爬过的三棵常绿树。一棵长在近乎直立的岩石坡旁，我们借助它被斫断后的树桩和树干攀岩。另一棵长在两块巨石之间，其分杈多且粗壮，我们竟是抱住树杈挪移过去的。还有一棵长在巨石附近，我们抓住它的虬枝，如吊单杠般荡下去。当时完全被这些登山奇遇所震慑，并未好好辨识树名。

老虎穴的滨海植物独具特色。张工和吴哥如数家珍，我们因此认识了不少物种。此行遇到最多的是链珠藤，它的果实呈两两相连的念珠状，叶对生或三片轮生。一旦认识后，就发现它们一次次出现在路边。花友们到处数珠子，当天发现的"串珠冠军"是四连串。

认识植物就是这样，如果特征鲜明，名实高度对应，就能过目不忘。

春云实是有刺藤本，小叶对生，荚果斜长圆形。钩藤的叶腋处有弯钩，形如水牛角。珍珠莲为桑科榕属，剖开其小巧的果实，结构与薜

春云实　　　　　　　　　　　　　春云实

钩藤　　　　　　　　　　　　　珍珠莲

扇叶铁线蕨

荔、无花果相似。扇叶铁线蕨的叶质似银杏，叶缘有细小的孢子囊群。

此外，我们还认识了藤紫珠、白花苦灯笼、金豆、薯莨等。

老虎穴的奇趣，还在于花友。此行除我和小山，有阿维、三哥、秋麟、李哥等老友，还新认识了六位花友。

之前读过林海伦老师的《爵溪老虎穴——象山最险要的探险游步道》，暗觉此山霸气逼人，不免心存怯意和好奇。想着有花友们同行，我于是豪迈地在群里报名：准备让老虎穴增加一只"老虎"。有趣的是，后来得知，此行十二人，竟有五人生肖属虎，简直是"老虎团"探访老虎穴！

最让我们心怀敬意和谢意的，是"60后"的张工和吴哥。他俩身形矫健，对植物颇有研究，又熟知老虎穴地形，每遇险要处，连拉带拽地护着花友。

藤紫珠

金豆

张工还背着不少食品和简易炊具，中午小憩时，花友们吃到了美味的海鲜年糕汤。吴哥有公众号"半岛草木记"，主要记录象山本土草木，内容非常丰富，此行他还应邀给辰山植物园采集了部分标本和种子。因为经常刷山，张工和吴哥野外活动能力强，安全意识也强，每年都购买人身意外险。

花友尘灵、平成、孟博，是去年底在宁波图书馆听小山讲座后入群的，这是他们第一次参加线下活动。

尘灵是个爽朗的东北大姐，她带来了可口的自制泡菜。"80后"的平成摄影不错，后来听到他朗诵《草木清欢》的音频，始知他在宁波图书馆英文朗诵比赛中获特等奖。孟博颇有书卷气，是留德八年专攻材料研究的海归博士。"豆神"是西南林业大学的大四学生，已保送华南植物园读研。听说他从小热爱植物，初中就确定了以豆科为研究方向。这次如愿收集了春云实的种子。他的早立志、立长志、久久为功，令人赞叹。这三个小伙子，让我们切实感受到了年轻人的朝气，真是后生可畏。

此次老虎穴刷山，收获颇多，感触亦深。幸甚乐甚，文以记趣。

后记

寒露夜，秋雨淅沥，风中透着舒适的凉意。

校对完最后一遍书稿，我不由得松了一口气。

仰头靠着椅子后背，双手随意地放在扶手上，闭目养神，无比轻松。

掐指算来，草木写作已是第八个年头。这是除阅读之外，我这辈子坚持最久的业余爱好。

我自己都很好奇，是什么让我坚持这么久呢？思来想去，无非是"不记录，无观察；不表达，无成长"这十二个字。自然观察能有所得，靠这"十二字"；三本草木书能够出版，亦是这"十二字"的自然结果。

自然观察和写作，起点是喜欢，基础是观察，关键是记录，核心是表达。

记录有手绘、摄影、摄像、文字、表格、采集制作标本等很多种方式，无优劣之分，关键是适合自己。一种草木的四季变化、关键特征，一处山野的物种数量及分布，都必须进行一定周期的深入观察与记录，才能从中揭示一些秘密，发现一些规律。我们喜欢用摄影和文字记录大自然的一个个动人时刻。

记录之后，必须分析归纳，必须讨论思考，并且通过一定载体表达出来。唯有表达，才有交流可能，才有纠错机会，才知自身不足，才有提升空间。唯有表达，时光才能留住，思绪才能成型，知识才能累积，规律才能把握。

表达并不容易，难在两点：一是鉴定物种，二是撰写文章。

每次"刷山"回来，首先要把沿途所拍摄物种一一鉴别出来。对于一个业余爱好者，这需要花费大量的时间和精力。凭图片定种本来就很难，有时关键特征还没拍全，而有些物种的差别又是那么细微，鉴定物种就更是难上加难了。如果连物种都弄不清楚，写文章就无从谈起。

在这样一些困难时刻，我很幸运有"浙江植物调查与分类交流群""拈花惹草部落"两个社群作为坚强后盾，尤其是浙江农林大学暨阳学院李根有教授、浙江省森林资源监测中心陈征海正高级工程师、宁波市林业技术服务中心李修鹏正高级工程师、浙江农林大学叶喜阳高级工程师、宁波市药品检验所林海伦主任中药师等专家学者，给予了我长期的无私帮助。他们对于我"无休无止"的打扰，总是非常宽容，并悉心指导，帮我解决了一个又一个难题。在他们身上，我不但学到了很多专业知识，更领略到了他们身上闪光的人格魅力。

相对于给单一物种立传写生，草木游记并不好写。单个物种，主题集中，资料好找，又操练多年，相对熟络。而全景式展现草木风貌及其生境，是个新方向，牵涉面广，物种太多，驾驭颇难。

好在有清代先贤徐兆昺的杰出著作《四明谈助》可资参考，他以四明大地的山川走向来构建全书框架，以具体地理点位来谈人物、记掌故、录诗文，地因文化而有趣，文因落地而可感，读来饶有兴味，这本书也因此成为宁波文史或地理爱好者的必读书目。我们致敬乡贤，模仿此一范式，利用业余时间走进宁波的山山水水，追寻四季芳华，并按照所走线路记录所遇之特色草木，让山与花一一对应起来，既存下我们"刷山"的欢乐记忆，也方便有缘之人循迹看花，实属悦己又悦人的美事。

行走山野，既有美好，也存在危险，关键要有同行伙伴，尤其是熟悉山野线路的伙伴。

作为新宁波人，我们这么多年能够安然而快乐地行走于宁波的山野之间，最需要感谢两个人：张孟耸（花友"三哥"）和冯坚林（花友"黑哥"）。三哥熟悉鄞州的山山水水，黑哥是宁海的"土地公公"，没有他们二位的导引和陪伴，我们不太敢贸然进入陌生山野，由此也就没有那么多新发现和新收获了。其次要感谢"甬城花伴侣"的三哥夫妇、秋麟夫妇、莲心夫妇、花精林夫妇等小伙伴。每次携侣同游，集体"刷山"，都如蜜月旅行团一般欢乐，登高远眺、赏花寻景、夫妻合照……陶陶然，欣欣然，不知老之将至。还需感谢吴建平、张幼法两位老师，他俩是象山植物"活地图"，每次滨海寻花，都少不了他们的帮助。

和前两本书一样，本书依然由宁波出版社出版，感谢社里对我们一贯的信任和支持。责任编辑还是苗梁婕老师，我们之间的合作已非常默契了。书稿交给她，我们非常放心，从内容、版式、纸张到封面设计等每一个环节的把控，都是我们所喜欢的。

这本书，是我和窗前联合出品的第二本书。这些年来，我们在繁忙的工作之余，一起"刷山"，一起看花，一起讨论，一起撰文，并以此作为一种放松方式，乐此不疲。今年中秋国庆假期，除各自单位值班外，更是一起闭门修改书稿，力求把各自的长处充分体现在文章的方方面面，文学性因窗前的整体把握而更加凸显，科学性因我的反复探究而更显扎实。

这本书，业已成为我们和"甬城花伴侣"以及其他亲友花友们一起"刷山"看花的见证和留痕。那些行走、拍花、写文的点点滴滴、朝朝暮暮，都交融在这一篇篇浸透着回忆、欢乐和收获的文章里。我们由此获得了新的成长，也体会到人生更多的乐趣。掩卷回首，又一次感叹光阴的力量，又一次感恩所有的遇见！

这本书，也是我们和"小山草木记"微信公众号上近三万粉丝互动的结果。这个号，是我们的主要表达载体，粉丝们的关注、评论和转发，给我们信心，给我们动力，给我们补正，给我们新知。我们在草木之路上越走越久、越走越坚定，离不开广大粉丝长期的支持和鼓励。

本书有些篇章，曾在《花卉》杂志、《宁波日报》副刊、甬派客户端、甬上红人堂等媒体上发表，徐晔春、叶向群、梅子满和齐言、徐杰等诸位老师为文章的完善提供了很多专业的指导意见，在此一并感谢。

人生最幸福的事情之一，是能够找到让自己乐在其中的兴趣爱好。如果此书能够对喜爱山野寻芳的花友们有所帮助，那将是我们莫大的荣幸。

小　山

2023 年 10 月 8 日夜